KB175890

극지,
과학으로
다가서다

4
푸른행성지구
시리즈

극지,
과학으로
다가서다

남성현 · 김혜원 · 황청연 지음

이담
Books

프롤로그

그 어떤 곳보다도 많은 도전을 필요로 하는 극지. 그 극한의 곳을 멈추지 않고 끊임없이 가는 사람들이 있다. 그들은 왜 극지까지 가고, 무엇을 알아내기 위해 그토록 험난한 도전을 쉬지 않는 것일까? 색다른 곳에서 새로운 것을 연구하기 위해서? 혹은 탐험가 정신을 발휘해 극한의 환경을 연구하기 위해서? 그러나 사실 극지연구에는 그 이상의 가치가 있다.

구면의 지구를 저위도 중심으로 펼친 평면지도에서는 종종 왜곡이 심해서 때로는 그 모양을 제대로 짐작하기도 어려운 곳이 극지이다. 심지어 상당수 세계지도에서 북극과 남극은 아예 빠져 있는 경우도 많다. 그러나 지구상에 존재하는 마지막 미개척 영역인 극지역은 사실 거대한 영역으로, 북극해는 지중해의 4배가 넘는 넓이를 가지며, 남극대륙은 남한 면적의 136배나 된다고 한다.

이 거대한 면적이 가혹한 자연환경으로 인해 쓸모없이 버려진 지역이라고 생각하면 큰 오산이다. 오히려 북극과 남극의 가혹한 환경은 금고의 자물쇠에 비유될 정도로 대규모 지하자원과 수산자원 및 에너지자원을 보유한 기회의 바다이자 기회의 땅으로 알려져 있다. 비단 자원개발뿐만 아니라 극지는 기후변화의 중요한 단서가 되는 열쇠이자 오로라가 나타나는 지구의 창이기도 하며, 자연과학의 거대한 실험장으로 불리고 있다. 또, 지구 역사의 중요한 기록들이 크게 훼손되지 않고 보존되어 있는 곳이며, 극한의 환경에 적응한 생물들이 대사과정에서 만들어내는 독특한 생체물질은 신물질의 원천으로 활용할 가능성도 크다. 또, 극한의 물리적 환경이 나타나는 극지역의 해양생태계는 기후변화로 인한 전반적인 생태계 변화를 모니터링하기에도 적합하다.

우리나라도 오래전에 이미 남극 세종과학기지(1988년)와 북극 다산과학기지(2002년)를 건설했고, 최근에는 쇄빙연구선 아라온호(2009년)를 운영하는 등 극지 탐사에 박차를 가해왔는데, 특히 올해(2014년) 2월에 남극 장보고 과학기지까지 건설하면서 남극에 2개 이상의 상주기지를 갖는 세계 10번째 나라가 되었다. 극지는 우리의 과학영토, 자원영토를 확장해 나가기 위해서라도 반드시 개척해야 하는 핵심지역이고, 우리의 미래 국부 창출과 나아가 인류 공동의 지속 가능한 번영을 위한, 많은 젊은 인재들의 새로운 도전들을 기다리고 있는 곳이다.

"도전은 입안에 선물이 들어 있는 용과 같다. 용을 길들이면 선물을 갖게 될 것이다 (Challenge is a dragon with a gift in its mouth. Tame the dragon and the gift is yours)."
- 노엘라 에반스(Noela Evans)

이번 극지 편에서는 시리즈의 전편들과 마찬가지로 여러 지구과학적 현상들과 연구 활동들 소개하되, 극지라는 특별한 환경에 초점을 두었다. 특히 지구과학의 단순 지식들만을 나열하는 내용이 아니라, 소개되는 내용을 통해 올바른 과학 정신까지 보여줄 수 있기를 기대한다. 즉, 과학자들이 극지연구를 위해 그동안 어떤 활동을 해왔고, 현재 어떤 연구를 진행 중이며, 앞으로 어떤 방향으로 연구를 계획하고 있는지를 소개함과 동시에, 새로운 과학적 지식이 어떤 객관적 과정을 통해 얻어질 수 있었는지, 또 그 논리적 사고방식은 어떻게 이어지고 있는지를 강조하고자 한다.

입시 위주의 공부를 통해 지겨운 주제로 전락해 버린 과학이 아닌, 내가 살고 있는 지구, 특히 쉽게 접근하기 어려운 극지에서 벌어지고 있는 흥미로운 연구에 대해 보다 많은 관심을 가질 수 있는 하나의 계기가 되길 바라는 마음이 간절하다. 저자들의 부족한 능력과 제한된 경험에도 불구하고 이 책을 쓰는 것은, 극지 과학을 비롯한 모든 지구과학적 발견들이 전문가들만의 영역이라기보다는 바로 지구에서 살아가는 우리 모두가 함께 누리고 함께 즐겨야 할 훌륭한 과학적 유산이자 우리의 미래이기 때문이다. 이 책이 세상에 나올 수 있도록 현장에서 극지연구를 수행해 오고 계신 모든 과학자들께 깊이 감사드린다. 또, 저자들의 부족한 능력에도 불구하고 감히 극지라는 독특한 분야의 연구를 소개할 수 있도록 격려를 아끼지 않은 많은 분들께도 고마운 마음을 전한다. 마지막으로 푸른행성지구 시리즈의 출판을 맡아준 '이담북스'에 감사를 표한다.

2014년 10월 30일
서울, 샌디에이고, 뉴욕, 송도 그리고 극지에서
저자 일동

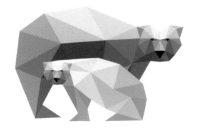

Contents • • •

에필로그

Part **1**

극지 과학
연구의 개요

PART 1. 극지 과학 연구의 개요

국정과제에 북극항로 진출이 선정되는 등 최근 국가와 지방자치단체의 북극에 대한 관심이 크게 증가하고 있다. 2020년 울산항만개발사업과 동북아 오일허브 사업의 완공에 맞춰 울산항이 추진 중인 '북극해 환경변화 대응 울산지역 중장기 발전 로드맵 수립'은 그러한 관심을 잘 보여주는 하나의 예라고도 할 수 있을 것이다. 그런가 하면 또 올해(2014년)에는 남극대륙 내륙에 두 번째 과학기지인 장보고과학기지가 문을 열면서 '극지연구의 새로운 역사'를 쓰게 되었다. 지금까지 남극연구의 유일한 거점이던 세종과학기지가 대륙 서쪽 끝 킹조지 섬(King George Island)에 있어서 지리적 한계로 어려웠던 남극대륙 본토 연구의 첫발을 내딛게 된 것이다. 다음 장에서 다루겠지만, 아마도 기온이 더 낮고 얼음도 더 두꺼운 동남극의 대륙 본토보다는 상대적으로 온화한 서남극 반도를 먼저 개척하는 것이 순서였을 것이다. 이처럼 최근 관심이 고조되고 있는 우리나라의 극지연구는 1985년을 본격적인 남극연구의 시작으로 보아도 벌써 30년의 역사를 가진다. 한국은 미·영·독·중 등의 선발국들이 주춤하는 사이 최근 취항한 성능 좋은 쇄빙연구선 아라온(ARAON)호를 기반으로 아문센 프로젝트와 같은 남빙양 해양과학계의 주목을 받는 연구를 실시하며 약진의 기회를 맞이하고 있다. 한국의 극지연구는 어떤 과정을 거쳐 이처럼 비약적으로 발전할 수 있었을까? 또, 한국을 포함한 각국의 기지들과 전반적인 기지 생활을 포함한 오늘날의 극지연구 환경은 어떠한가? 어려운 도전을 마다하지 않는 극지 과학자들은 오늘날 어떤 연구 프로젝트들을 진행 중일까? 여기서는 극지연구 역사와 극지 인력 및 연구 환경 그리고 극지연구 현황에 대해 알아보기로 한다.

극지연구 역사

남극과 북극으로 알려진 극지의 공통점은 모두 자연환경이 매우 가혹하고 문명세계에서부터 멀리 떨어져 있다는 것이다. 연구 이전에 생활하는 것 자체가 쉽지 않은 곳이다 보니 국제 지구물리의 해였던 1957/58년 즈음에서야 체계적인 연구가 진행될 수 있었다. 당시 전 세계 과학자 5,000여 명이 참가한 대규모 탐사가 실시될 수 있었다. 비교적 짧은 연구 역사를 가진 극지에는 아직까지도 알려지지 않은 많은 연구 주제들이 있으며 특히 21세기에 들어서면서 나타난 지구온난화 및 해양산성화와 같은 두드러진 지구환경의 변화로 인해 국제사회의 큰 관심사가 되고 있다. 특히 뒤에서 다루겠지만 빙하와 해빙으로 둘러싸인 남극은 기후변화에 가장 민감하게 반응하는 영역이라 할 수 있다.

올해 남극에 두 번째 과학기지인 장보고과학기지가 문을 열면서 우리나라도 남극대륙 본토 연구에 첫발을 내딛게 되었는데, 이것은 상당히 중요한 의미가 있다. 석유가 대량으로 매장되어 있다는 남극 웨델(Weddell) 해와 로스(Ross) 해 주변, 그리고 거대한 석탄층이 발견된 남극 횡단산맥과 동남극 지역 등에서 알 수 있는 것처럼 상당량의 자원이 본토에 매장되어 있고, 지구 전체 담수의 90%도 남극에 존재하고 있다고 알려져 있다. 남극이 자원의 보고로 떠오르면서 1908년 영국을 시작으로 서방 강국과 남극 주변국들은 20세기 초부터 남극대륙의 영유권을 주장해왔다. 1959년 12월에 남극조약이 체결되면서 남극의 영유권 주장은 동결되었고, 현재는 남극의 평화적

이용을 위한 과학조사와 국제협력만 허용되어 있는 상태이다. 그러나 광물자원 개발이 영원히 금지된 것은 아니고, 오는 2048년까지 유보되어 있는 상태라서 약 30년 후 남극 자원개발이 시작되면 그동안의 남극연구 성과와 환경보전 노력, 국제사회 기여도 등에 따라 우선권을 가지게 될 가능성이 높다. 이런 면에서 장보고과학기지는 단순히 과학연구기지의 역할뿐만 아니라 대한민국 후대에 물려줄 유산을 확보하는 역할도 수행하는 셈이다.

남극대륙에 과학기지가 본격적으로 건설되기 시작한 것은 1957/58년의 첫 국제 극지의 해(International Polar Year, IPY)를 전후해서이다. 냉전시기에는 미국과 소련의 대결이 남극에서도 치열했는데, 미 해군은 오늘날까지도 여전히 남극 최대 규모를 자랑하는 맥머도 기지를 1955년 12월에 설립하였다. 이 기지는 오늘날에도 과학 활동은 물론 미국 미국 남극연구프로그램(United States Antarctic Program, USAP)의 보급 및 운영지원 허브로서의 역할을 수행하고 있다고 한다. 1957년에는 미국이 지리적인 남극점(남위 90도)에 아문센-스콧 기지를, 러시아(구 소련)가 지상에서 가장 추운 자남극점(남위 78도, 해발고도 3,488m)에 보스토크 기지를 각각 설치하였다. 특히 보스토크 기지에서 관측된 최저기온은 영하 89.2도에까지 이른다는 기록도 있다. 영유권을 주장하지 않은 국가들도 보급의 용이성과 과학적 관심사, 국민적 자긍심 고취 등 국가별 남극연구 활동 목적을 최대한 고려하여 과학기지를 건설했다. 그러나 소비에트 연방 해체 후 경제 사정이 어려워지자 러시아는 1990년 3월 서남극 루스카야 기지를 폐쇄했고, 1991년 2월에는 빅토리아랜드 북부의 레닌그라드 스카야 기지도 폐쇄하게 되었다. 여전히 남극연구의 선두주자인 미국은 아문센-스콧 기지 외에도 남극 최대 규모의 맥머도 기지와 팔머 기지를 운영하고 있으며, 러시아도 아직 남극을 둘러싼 다수의 기지를 가지고 있다. 후발 주자로 최근 부상하고 있는 중국은 우리나라 세종과학기지 인근의 장청기지를 1985년 준공했고, 1989년에는 남극대륙 내 중샨(中山) 기지를 건설했다. 2008/09년에는 제3기지인 쿤룬 기지를 남극에서 가장 높은 고도인 돔 아르고스(Dome Argus, 해발고도 4,093m)에 건설하여 하계에 활용하고 있다. 이 기지에서는 영하 82.3도의 최저기온이 기록되었다고 한다. 올해(2014년)에는 4번째 기지인 태산을 건설하고 새로운 쇄빙선을 건조하는 등 남극 진출에 박차를 가하고 있다. 그 외에도 제3차 국제 극지의 해(IPY)였던 2007/08년에 독일 · 벨기에 · 영국 · 체코 · 인도 등의 국가들은 남극 · 북극에서 다양한 연구 활동을 수행하고, 극지 인프라 구축의 일환으로 기지를 새로 건설하거나 증축하였다.

우리나라가 남극에 관심을 갖고 남극지역에 진출한 것은 1978/79년이며, 당시 남빙양의 크릴 시험 조업을 시작하며 기온 · 기압 · 수온 · 염분 · 영양염 · 해류 · 부유생물 등 어획해역의 환경을 관측하고, 크릴 활용법 등에 대해 연구했다고 한다. 그 뒤 남극활동이 비약적으로 발전하게 된 계기가 된 1988년 세종과학기지의 건설 이전에도 1985년 한국해양소년단연맹의 남극관측탐험에 당시 한국해양연구소(현재 한국해양과학기술원, Korea Institute of Ocean Science and Technology, KIOST) 소속 연구원 2명이 참가하여 킹조지 섬에서 3주를 머물며 기지건설/운영과 킹조지 섬의 자연환경에 관한 자료를 수집할 수 있었다. 같은 해 3월에는 남극해양생물자원 보존협약(CCAMLR; Commission for the Conservation of Antarctic Marine Living Resources)에 가입하며 본격적으로 극지연구를 시작하였는데, 이때 남극연구의 중요성과 기지 건설의 필요성이 제기되었고, 한국해양과학기술원 내에 남극연구를 전담할 극지연구실이 설치되는가 하면, 한국남극연구위원회(Korea National Committee on Anarctic Research, KONCAR)가 창립되어 남극연구을 위한 체제가 갖추어질 수 있었다(표 1-1).

세종과학기지 건설 이후 남극활동은 비약적으로 발전하게 되었다. 1990
년대에는 하계연구대와 월동연구대가 본격적인 활동을 시작하게 되었는
데, 1990년 6월에는 남극연구논문과 남극관련 소식들을 전할 수 있는 남
극전문학술지로『한국 극지연구』가 창간되었고, 9월에는 제2차 국제 남극
과학 학술심포지엄이 서울에서 개최되어 미국·영국·소련·칠레·브
라질 등 9개국 16명과 국내 과학자 20명이 참가하여 남극연구 결과들을
발표하고 논의할 수 있었다. 특히 1992/93년 남극 하계연구에서는 외국
선박을 임차하지 않고 한국해양과학기술원의 연구선 온누리호를 이용하
여 양질의 자료를 획득하게 되었다. 1990년대에는 12차 하계/월동연구대
까지 470여 명이 세종기지에 머물면서 해저지질조사, 과학어군탐지기 시
험탐사, 크릴자원량 예비조사, 성층권 오존농도 관측 등 남극연구 시대를
활짝 열기에 이르렀다(표 1-1). 2000년 이후로는 한층 더 깊이 있는 남극연
구가 진행되었으며, 북극연구를 위한 활동도 시작되었다. 2002년 국제 북
극과학위원회에 18번째 회원국으로서 가입이 승인되고, 북극다산과학기
지를 여는가 하면, 2009년에는 쇄빙 연구선 아라온호가 취항하는 등 연구
영역이 더욱 넓어질 수 있었다. 국제적으로도 의미 있는 연구결과가 쏟아
지기 시작했다. 2010/11년에는 남극 운석 117개를 발견해 세계 5대 남극
운석연구국가로서 입지를 다졌고, 14개국 공동 빙하연구에 참여해 13만
년 전 이상고온 현상을 규명했다(표 1-1). 국내 기술로 개발한 빙하시추기로
빙하[1] 핵을 채취해 아시아의 고기후·고환경 복원 연구에 착수했으며, 극
지와 북반구 한파의 원인을 조명하기도 하였다.

---

1) 빙하(glacier)는 육지에서 담수나 눈이 얼어 만들어지는 것으로 염분이 높은 바닷물이 얼어서 만
들어지는 해빙(sea ice, 海氷)과는 기원이 다르고, 빙붕(ice shelf), 빙산(ice bergs), 빙상(ice sheet)
과 같은 성격을 가진다.

표 1-1. 한국 극지연구의 연표(출처: 극지연구소 홈페이지, http://www.kopri.re.kr)

연도	주요 내용
1985/79	남극에 관심을 갖고 최초로 남극지역에 진출하며 남빙양 크릴 시험 조업 시작
1985	한국해양소년단연맹의 한국남극관측탐험
1986	세계에서 33번째로 남극조약 가입
1987	남극 세종기지 건설 결정, 기지 건설을 위한 예비연구 시작, 기지 후보지 답사, 극지연구실 창설, 한국남극연구위원회창립, 기지 건설선의 킹조지 섬 도착
1987/88	남극 하계기간에 제1차 대한민국 남극과학연구단의 조사 연구 수행, 제7차 크릴 어획 시험조사선인 동방 115호에 승선, 조사해역의 염분, 수온, 어장환경 조사, 영양염류, 분포특성, 엽록소 농도 및 일차 생산성의 공간적 분포 연구, 제1차 국제 남극과학 학술심포지엄 서울 개최, 남극 세종과학기지 준공
1989	제2차 하계 현장조사 연구, 고층대기연구와 물개의 생리조사 및 빙하연구 추가, 남세틀랜드 군도와 바톤 반도의 지질학적 연구, 기상관측, 맥스웰 만에서의 입자성 부유퇴적물의 분포와 침강속, 아미노산의 순환, 저서동물의 분포, 해산식물상, 퇴적물 내의 공극수의 영양염류와 규조류, 방사성 핵종함량의 연구 등 포함, 남극 조약 가입국 중에서도 남극조약 협의당사국의 지위를 획득
1989/90	제3차 하계 현장조사 연구, 기지 주변의 펭귄 관찰, 육상 유용광물 조사 수행, 기지 부근 광화작용 규명, 규화 목화석을 바톤 반도에서 최초 발견, 고층 대기 연구로 다색 광도계를 설치, 제21차 남극과학위원회(SCAR)에서 세계에서 22번째로 정회원국 지위 획득, 남극전문학술지 '한국극지연구' 창간, 제2차 국제 남극과학 학술 심포지엄 서울 개최
1990/91	하계연구로 기지 주변과 브랜스필드 해협 및 남극반도 겔라쉬 해협의 지질과학 및 해양생물 연구 수행, 디셉션 섬의 화산암에 대한 지구화학적 연구 수행, 기지 앞 4㎢에 걸친 정밀 측심조사
1992/93	온누리호를 이용한 브랜스필드 해협과 웨델 해 생명과학 및 지질 과학 연구 수행
1993/94	하계연구로 브랜스필드 해협과 웨델 해 북부해역을 중심으로 한 지질 · 생물 · 대기과학 연구 수행
1994/95	하계연구로 브랜스필드 해협, 웨델 해 서북부 해역의 종합 해양조사 및 리빙스턴 섬, 깁스 섬에 대한 육상 지질조사 수행
1995/96	하계연구로 남세틀랜드 군도, 엘리펀트 섬, 웨델 해 북서부 해역을 중심으로 일반해양학적 조사와 지질, 지구 물리 탐사 수행, 세종기지를 중심으로 연안 해양생태계, 지구물리 및 대기과학 연구 수행, 해양수산부의 발족과 함께 한국해양연구원이 해양수산부 출연 연구소로 이관되면서 극지부분 업무도 해양수산부로 이관, 1996년부터 '세종기지 주변 인간활동으로 인한 환경변화 모니터링'이라는 제목으로 기지 주변의 인위적인 환경변화에 대한 장기 관측이 시행, 주변 해양 모니터링과 육상 토양의 중금속 오염, 쓰레기 소각, 발전기 사용으로 인한 대기환경 모니터링 등이 수행
1996/97	하계연구로 세종기지 주변, 리빙스턴 섬, 디셉션 섬, 서부 브랜스필드 해협, 웨델 해 서북부 해역에서의 육상 지질, 해양지질, 지구물리, 기상 및 고층대기, 해양생물, 연안환경 등의 연구 수행, 10차 월동대에는 한국 최초로 여성 대원이 월동대에 참여
1997/98	하계연구로 세종기지 주변, 리빙스턴 섬, 웨델 해 서북부, 남극반도 북서부 대륙붕 지역에서 지질, 지구물리, 연안환경, 빙하학, 일반해양, 수산자원조사, 오존층 관측연구 등 수행
1998/99	하계연구의 범위가 킹조지 섬뿐만 아니라 마리안 소만, 브랜스필드 해협, 웨델 해, 드레이크 해협, 리빙스턴 섬, 남미 파타고니아로 매우 다양화, 연구분야도 식물플랑크톤에서 해조류, 크릴의 유전자, 엘니뇨, 암석연대 측정, 위성자료를 통한 중력이상 연구 등으로 다양화, 1999년부터 북극으로 연구영역 확장, 중국의 북극탐사선에 연구원 파견, 러시아와 공동으로 러시아 북극해역에서 해양연구 수행

극지, 과학으로 다가서다

1999/2000	브랜스필드 해협에서 계류 관측 기기를 설치하여 해류와 밀도를 관측, 표층해수의 이산화탄소 관측, 오존 관측, 고층대기 중력과 연구, 파타고니아 지역의 퇴적작용 연구
2000/01	세종기지 주변을 포함하여 기존 조사해역과 엘레펀트 섬 및 마젤란 분지에 이르는 주변 해역에서 지구환경 변화, 생태계, 오존층 관측 및 기상과 고층대기, 지질, 해양, 유용생물자원 등의 조사연구, 해저암반 채취 시도, 플로트를 투하하여 극전선 해역에서의 해양물리 특성과 온실기체 거동을 관측, 리빙스턴 섬 주변지역의 유용 광물 연구 수행, 본격적인 식생도 작성 착수, 해빙의 시기와 고도 및 지형 등 복합적으로 조사□연구
2001/02	해양조사활동으로 사우스오크니섬 주변 해역까지 확장, 세종기지에 별도의 AMOS 2 자동기상관측시스템이 추가되어 육상−대기 간의 에너지 교환, 증발산량, 이산화탄소 관측 등이 추가, 세종기지 인근 지구온난화와 관련 현화식물 발견, 1차 생물량과 상위 포식자인 펭귄의 번식에 대한 영향 연구, 바톤반도와 위버반도의 지질도 완성, 북극의 환경 및 자원 연구를 위하여 2002년 4월 25일에 국제북극과학위원회에 18번째 회원국으로 가입이 승인되고, 4월 29일 노르웨이령 스발바드 군도(Svalbard Islands), 스피츠베르겐 섬(Spitsbergen Island)의 니알슨(Ny-Alesund)에 북극 다산과학기지를 개설(프랑스와 공동 사용)
2002/03	운영되던 마이켈슨 간섭계가 북극 다산기지로 이전됨에 따라 대체장비인 대기과분광계가 새롭게 설치, 기존 지진계가 광역지진계로 대체, 정상관측소 역할 수행, 남빙양 연구를 위한 개별과제가 공통의 연구주제로 통합□재구성되어 해빙의 진퇴와 일차생산력, 크릴분포, 온실기체 거동 등 복합연구가 시도, 마이크로웨이브를 이용한 원격탐사 방법으로 웨델 해의 해빙관측 수행
2003/04	킹조지 섬의 호수퇴적물에서 유기탄소의 변화에 대한 해석 시도, 인근 대륙붕에서 획득한 퇴적물을 통해 성분 및 구조분석으로 기원에 대한 연구 수행, 수중음향에 대한 시험연구 시도를 통해 해빙소음과 구별되는 미세한 해저지각활동 관측
2004/05	세종기지 주변 대기의 잔류성 유기오염물질 기초조사 착수, 국제공동연구를 통한 수중음향관측 시도, 후기 제4기 고해양 변동연구 및 퇴적현상과 연동한 기후특성 등에 대한 연구와 기지 인근의 지구조와 구조조 연구 수행, 중국과 공동조사를 통한 세종기지 절대중력 측정
2005/06	국제공동연구의 일환으로 수중음향연구 지속, 열수공 연구를 위한 주변의 화산암과 열수침전물 채취 수행, 지자기시스템에 대한 성능 보완, 지의류 종다양성에 관한 연구결과 도출
2006/07	열권과 중간권의 고층대기를 관측할 유성레이더 설치, 기지에서의 풍력발전 타당성 연구, GPS를 활용한 기지 정밀측량 등 수행, 인근 디셉션 섬의 화산활동과 열수작용 조사 연구 수행
2007/08	세종기지 주변 고기후 및 고환경 연구와 마리안소만 해양환경 모니터링을 포함한 11개 연구 주제별로 현장조사 수행, 대기중력파 관측을 위한 전천카메라시스템 설치□운영 시작, 기존의 유성 레이더와 대기광분광계의 보수□정비
2008/09	남극해저지질조사 등 18개 연구과제별 현장조사 수행, 주변 단층대 운동학적 해석을 위한 구조지질학적 자료 수집, GPS 정밀측량과 GPR탐사에 의한 빙체 하부 영상화 연구 시도, 기존 풍력발전기 교체 후 계통연계운전 시험 등 전력품질의 성능평가
2009/10	세종기지 주변의 용존 유기물질 조사 등 22개 연구과제별 현장조사 수행, 2002년도 발간된 지질도폭에 대한 보완□개정작업이 심도 있게 수행, 아리랑위성 추적안테나에 대한 유지보수와 신규 위성통신망을 이용한 네트워크망 구축이 이루어져 연구 환경을 대폭 개선, 세종기지 인근의 '펭귄마을'을 최초로 남극특별보호구역(ASPA No.171)으로 지정 관리, 남극 해빙의 미세조류로부터 결빙방지기능을 가진 호랭성 극지생물을 발견해 생체막단백질 구조를 규명, 순수 국내기술로 쇄빙연구선 아라온호를 건조하여 남극 첫 출항을 성공적으로 추진

2010/11	쇄빙선 아라온호의 취항에 따라 연구 활동의 영역 확장, 많은 연구 주제들이 국제 공동 연구의 일환으로 수행, 세종기지를 기반으로 하였던 상당수의 연구가 아라온호와 연계하여 확대, 기지와 주변해역에서의 연구 활동뿐만 아니라, 서태평양으로부터 세종기지에 이르는 경유지가 연구 지역으로 활용, 남극연구 현장 활동으로는 결빙방지물질 분비 생물의 확보 및 유전자 획득 등 20개 연구과제 수행, 기지 내 구조물 기초의 안정성 평가 등 극한지 구조물의 안정화 기술개발 및 안정성 평가방안 마련을 위한 건기(연)의 현장조사 병행, 세종기지가 세계기상기구 기후변화관측소(WMO GAW Station)로 지정□운영됨에 따라, 기지에서 획득되는 자료는 지구환경 변화 이해를 위한 고귀한 연구 자료로 활용, 그 밖에 '북극진동' 이론을 통한 한반도 기후변화(한파)를 예측하고 '소빙하기 500년 주기설' 이론을 통한 남극 기후변화 주기성을 규명
2011/12	쇄빙연구선 아라온호를 활용한 대형 국제연구프로그램 추진, "양극해 환경변화 이해 및 활용 연구(K-PORT) 사업"의 일환으로 한국-캐나다-미국 국제공동연구팀이 북극해 국가의 배타적 해역에서 첫 연구 탐사활동과 EU와 공동으로 "북극 스발바드를 거점으로 한 국제공동 관측 연구사업(SIOS)"을 시작
2012/13	북극 자원 및 항로 등의 경제적 중요성이 국제적 관심이 증가함에 따라 남극에서 북극 해양으로의 연구내용과 범위 확대, 그린란드 NEEM 빙하시추(14개국 국제공동연구)에 참여하여 엠 간빙기(약 13만 년 전) 동안의 이상고온 현상 규명, 아라온호를 활용한 북극해 국제공동연구로 제4기 빙하기 동시베리아 빙상 존재를 입증, 극지생물자원을 활용한 기능성 화장품 상용화 출시, 남극지의류 유래 항산화제·이형당뇨치료제 등 의약품 개발 연구를 지속 수행, 새로운 항생제 및 항암제를 생산할 수 있는 남극유래 방선균 유전체 지도 완성, 남극운석 탐사로 달 운석을 발견하여 달의 구성 성분을 연구할 수 있는 새로운 전기 마련

올해(2014년)부터는 남극 본토에 건설된 제2 과학기지인 장보고기지를 통해 세종기지 주변의 해양환경과 연안생태뿐만 아니라 빙하, 운석, 오존층, 극한지 공학 등의 대륙기반 연구를 더욱 활발히 수행할 수 있게 되었다. 이로써 우리나라는 남극에 상주기지 2개를 갖는 세계 10번째 나라가 되었다.

극지연구 인프라와 주요 연구

1983년 일본 개봉 당시 모든 흥행기록을 깨며 전 일본열도를 눈물바다로 만든 영화 <남극 이야기>는 실화를 토대로 만들어졌다. 2006년 한국에서도 <에이트빌로우(Eight Below)>라는 이름으로 개봉돼 큰 감동을 선사한 바 있다. 지질학자인 데이비스는 운석을 찾기 위해 남극 탐사 대원 제리와 남극 조사에 나섰다가 잘 숙련된 썰매개 8마리 덕분에 가까스로 죽을 고비를 넘기고 이 썰매개들을 남겨둔 채 부상 치료를 위해 남극을 떠나게 된다. 개들을 남겨두고 온 것에 괴로워하던 이들은 다시 남극으로 돌아가기 위해 갈등을 겪는다. 이 영화는 우정, 충성심, 웃음, 열정, 집념과 희망 등을 이야기하기 위해 남극이라는 가장 춥고, 거센 바람이 불며, 인간의 발길이 잘 닿지 않는 혹독한 환경을 매우 사실적으로 잘 묘사하고 있다.

극지, 특히 남극대륙은 아무나 갈 수 없는 곳이다. 혹독한 자연환경을 극복하기 위해 남극연구에 대한 깊은 이해를 가지고, 이를 뒷받침하는 강력한 국력이 있어야만 한다. 쇄빙선 아라온호와 제2의 장보고기지는 바로 이런 극지연구에 대한 우리나라의 열정과 능력을 잘 보여주는 상징성을 가진다. 2012년 극지연구소와 국립중앙과학관, 국립과천과학관 등이 공동 주관했던 폴투폴 코리아 북극연구 체험단에 선발되어 8박 9일간 북극을 다녀온 중고생 9인은 세상의 끝에서 느낀 재미와 공포 그리고 감동의 극한을 인터뷰하며 북극이 그저 '낭만적'인 장소가 아니라 세계 각국이 벌이는 치열한 극지연구의 각축장임을 깨닫고 이를 인터뷰[2]를 통해 밝힌 바 있다.

극지역과 결빙 해역에서의 연구 활동과 보급지원에 많은 제약과 애로사항을 해결하기 위해 정부는 2002년 쇄빙연구선(이하 쇄빙선[3]) 건조를 국책사

---

2) [인터뷰] 신나는 공부, 과학자 꿈꾸는 중고생 9인의 북극체험기 '2012년 폴투폴 코리아 북극연구체험단', 2012년 8월 21일자 동아닷컴(출처: http://news.donga.com/Society/New2/3/03/20120820/48739889/).

3) 쇄빙선이란 얼음을 깨며(쇄빙) 안전하게 빙해지역을 항해할 수 있는 선박을 말하는데, 과거에는 타선박의 빙해지역 항로를 개척하고자 선도하여 얼음을 깨는 역할을 맡은 선박을 통칭하였다. 쇄빙선이 없던 2003년 12월, 고무보트를 타고 탐사활동을 벌이다 남극 바다에서 불의의 사고를 당하여 고(故) 전재규 대원이 사망하는 사건이 있었다. 2009년 진수된 쇄빙선은 극지연구자들의 오랜 '한'을 풀어주는 계기가 되기도 하였다. 지금도 서울대학교 지구환경과학부에서는 당시 서울대학교 대학원생이었던 그를 추모하는 학술대회가 매년 열리고 있다.

그림 1-1. (위부터) 쇄빙연구선 아라온, 남극 세종과학기지, 북극 다산과학기지, 남극 장보고과학기지
(출처: 한국극지연구진흥회 블로그, http://www.kosap.or.kr)

업의 하나로 계획하게 되었다. 쇄빙선은 0.5~3m까지 평탄빙의 쇄빙 능력에 따라 여러 등급으로 구분된다. 승조원 25명과 연구원 60명 등 총 85명을 수용 가능한 총톤수 7,487톤의 아라온호(그림 1-1 첫 번째)가 2009년부터 취항하면서 우리나라의 극지연구는 다시 새롭게 도약하게 되었다. 아라온호는 1m 두께 얼음의 쇄빙능력[4]을 갖춘 쇄빙기능을 이용하여 연구조사를 목적으로 하고 있으며[5], 남북극기지에 보급수송을 수행하도록 역할이 부여되어 있다. 선수뿐만 아니라 선미 방향으로도 쇄빙이 가능하도록 선미 부위도 보강되어 저온에서도 충격이나 강도를 잃지 않는 고장력 강판으로 이루어져 있다. 접안시설이 없거나 간이 부두가 있어도 결빙 시 선박 접안이 불가능한 극지에서의 화물하역을 위해 선수와 선미에 다수의 크레인과 자항바지선에 의한 적하역 수송이 고려되었고, 이조차 불가능한 지역에서의 보급지원을 위해 헬리콥터 착륙장, 격납설비, 헬기수송에 적합한 전용컨테이너를 적재하여 운용할 수 있도록 했다. 그 외에도 다양한 안전장치와 제반설비들을 갖춰 놓고 있다.

연구원이 상주하지 않고 필요시에 이용하는 북극 다산과학기지와 달리 남극 세종과학기지와 장보고과학기지에는 연구원이 상주하며 극지연구를 진행해 오고 있다. 연구단은 월동연구대와 하계연구대[6]로 구분되는데, 월동연구대는 1년 동안 기지 주변의 자연환경을 관측하고 기지를 유지하기 위해 극지연구소 직원들과 기상청, 보건복지부 등 기관에서 공채 파

---

4) 1m 두께의 다년생 얼음을 시속 3노트로 연속쇄빙 항진할 수 있다.

5) 첨단 연구 장비를 장착한 종합해양과학 조사 연구선이다.

6) 1~2개월의 차이가 날 수 있지만, 미국의 경우 남극의 하계를 흔히 10월부터 익년 2월로 하며, 나머지는 동계로 여긴다. 남위 66.5도 이남에서는 하루 종일 밤이거나 낮인 날들이 생기게 된다. 예를 들어, 남위 78도에서는 4개월씩 밤만 지속되거나 낮만 지속되는 일이 발생하며 나머지 4개월에는 밤과 낮이 반복된다.

견된 인원으로 구성되고, 하계연구대는 남극 자연환경의 이해와 보존, 부존자원의 조사 목적으로 극지연구소 연구원들과 대학 및 다른 연구소에서 참가하는 연구원들 위주로 구성된다. 수행 임무에 따라 인원 변동이 있지만 매년 2~3월에 선발되는 10명 내외의 인력과 기지대장을 포함하여 16~18명을 남극 하계 기간인 11~1월 중에 파견하고 있다.

남극 세종과학기지(그림 1-1 두 번째)는 남극반도에 인접한 남셰틀랜드 군도의 킹조지 섬에 위치하며(남위 62도 13분, 서경 58도 47분), 서울에서 직선거리로는 17,240km 떨어져 있다. 2009년 증개축 후 건물 연면적이 3,295㎡로 최초 건설 당시보다 세 배 가까이 넓어지게 되었다. 한국해양소년단연맹(총재 윤석순)이 1985년 한국남극관측탐험을 성공적으로 수행하고, 우리나라는 1986년 11월 28일 세계에서 33번째로 남극조약에 가입하게 되었다. 1987년에는 당시 한국해양연구소 내에 극지연구실이 설치되고 이어 답사반이 킹조지 섬에서 후보지를 답사한 뒤, 현대엔지니어링과 현대중공업 그리고 현대건설이 각각 이 기지의 설계와 감리, 건설자재와 장비운반, 그리고 건설을 맡아 1988년 2월 17일 세종기지가 마침내 준공되었다. 이를 통해 우리나라는 세계에서 18번째로 남극 상주기지를 가진 나라가 되었다. 기지 노후화에 따라 2006년부터는 리모델링과 증축을 준비하여 2008년에 시작하고 2009년 1월 5일 증개축을 완료하였다.

남극 대륙기지 장보고과학기지(그림 1-1 네 번째)는 남극 로스 해 테라노바 만 케이프 뫼비우스 인근(남위 74도 37분 4초, 동경 164도 13분 7초)에 위치하며 면적이 4,458㎡에 달하여, 동계에는 15~16명, 하계에는 연구원과 방문객 포함 최대 60명까지 수용이 가능하다. 2007년부터 2010년 초까지 남극대륙의 6개 예비 후보지에 대한 현장 답사를 실시한 결과를 바탕으로 수행할 연구목적과의 적합성, 기지 건설과 운영으로 인해 남극 환경에 미칠 영향의 정도, 기지의 보급 및 자원의 편의성, 국제적인 공동연구 네트워크 구축 등을 고려하여 그 최종 위치가 선정되었고, 2012년 12월부터 공사를 시작하여 2014년 2월 12일에 준공식을 마쳤다. 동남극과 서남극의 경계에 위치하여 두 지역의 기후변화를 비교 연구할 수 있는 최적의 위치로 알려져 있으며, 세종과학기지와 연계하여 쇄빙연구선 아라온을 이용한 서남극 해양 관측망을 구성하게 될 것으로 기대되고 있다. 특히 로스 해는 심층수 형성과 전 지구적인 기후변화의 결과로 염분 농도가 매우 빠르게 낮아지고 있는 해역으로 알려져 있어서 향후 장보고기지를 활용한 기후변화 연구에 세계적인 기대 또한 매우 크다.

극지연구 인프라가 이처럼 확충되면서 극지연구 분야와 범위가 다양화됐다. 오늘날 대표적인 극지연구 내용으로는 남빙양에 대한 일반해양 연구 외에도 대기 및 고층대기 연구, 육상의 식생과 조류 연구, 육상과 해저 지질, 지구물리, 퇴적현상, 수중음향 모니터링, 가스하이드레이트 연구, 남극 육상 및 해양생태계 연구, 빙원 얼음 연구, 운석 연구, 극지바이오 연구(유용 물질, 유전자 분석, 극지생물) 등을 꼽을 수 있겠다. 보다 구체적인 연구 내용은 다음 장들에서 소개하기로 하고 여기서는 남극 장보고과학기지를 활용하여 추진하려고 계획 중인 연구들(출처: 극지연구소 홈페이지, http://www.kopri.re.kr)에 대해서만 아래처럼 간략히 소개하기로 한다.

1. 기상 및 대기화학: 대기 구성 물질에 대한 지구급 관측소 운영
2. 빙하학 및 눈 화학: 동남극 북빅토리아랜드의 빙하와 주상 눈시료 및 새로운 시추 프로그램 지원, 서남극 해안지대 빙하 등을 대상으로 기후 및 환경변화 복원 연구
3. 고기후와 지질연대학: 로스 빙붕과 테라노바만 주변부 및 심해 퇴적 작용과 해양 퇴적물 기록에서 고 해양 및 기후변화 연구

4. 지체구조 및 지구물리 연구: 남극대륙의 지각운동, 지진발생도, 빙붕의 진화 연구
   와 이를 위한 지체구조 및 지자기 변화 모니터링 연구
5. 고층대기: 극관(polar cap) 내부에서의 동역학적 특성 연구를 위한 이온권 관측
6. 해양학: 로스 해 염분과 관련된 해양/대기 주요 매개변수와 심층수 형성 속도 변
   화 모니터링 연구, 해빙 확장의 관측과 물리적 과정의 규명, 장기 해양관측 자료
   확보
7. 육상 생태계: 테라노바만 인근 육상 생태계 생물다양성 조사, 환경 구배에 따른
   생태계 변화 연구, 인근 해양 생태계에 대한 장기 모니터링 연구
8. 남극운석탐사: 북빅토리아랜드로 운석탐사 지역 확장

이처럼 장보고기지를 활용하여 앞으로도 남극연구 활동은 더욱 활발히
진행될 것으로 기대된다. 북극에서의 연구는 남극연구 활동에 비해 그동
안 상대적으로 부족했던 것이 사실이다. 그러나 앞으로는 북극연구도 점
차 활발해질 것으로 예상된다. 서두에서 언급한 것처럼 북극항로 진출을
국정과제로 선정하고, 울산항이 북극해 환경변화를 고려하는 항만개발사
업 등을 추진하는 등 북극에 대한 관심이 크게 고조되고 있기 때문이다.
작년(2013년) 여름 극지연구소 새 수장에 취임한 김예동 소장은 연구소의
향후 나아갈 방향에 대해 밝히면서, 지금까지 극지연구 역량의 80% 이상
을 남극에 쏟아부었는데, 앞으로는 새로운 연구 분야인 북극으로 눈을 돌
려 50 대 50으로 균형을 맞출 예정이라고 하였다[7]. 남극이 평화 이념을 갖
고 접근하는 장기적인 프로젝트인 반면 북극은 곧바로 경제적인 혜택을
얻을 수 있는 자원개발의 각축장이나 다름없기 때문이다. 특히 다음 장에
서 좀 더 자세히 다루겠지만 엄청난 양의 해빙이 녹아내린 북극해는 지구
시스템의 강력한 기작이라 할 수 있는 해빙 피드백이 발생하고 있는, 지구
온난화의 효과를 가장 여실히 볼 수 있는 바다다. 북극항로 개발의 배경에

7) [인터뷰] 제4대 극지연구소장에 선임된 김예동 박사, 극지와 사람들, 2014년 1월 3일자(출처: 한
   국극지연구진흥회 블로그, http://www.kosap.or.kr/blog/21785).

는 과학자들의 예상보다 훨씬 더 급격한 속도로 사라져가고 있는 북극해의 해빙이 있다. 이에 대해서는 바로 다음 장에서 좀 더 자세히 알아보기로 한다.

각국의 남극연구

남북한 합한 한반도 면적의 63배, 중국 면적의 1.4배나 되는 남극에는 2010년 4월 기준으로 29개 국가에서 75개의 기지를 운영하고 있는데, 이 중 연중 사람이 상주하는 기지만 해도 39개나 된다. 나머지 기지들은 남반구 여름에만 운영하는 하계기지이다. 여름철 사람들 활동이 가장 많은 때는 남극 인구가 무려 4,500명에 이르며, 야외활동이 제한되는 겨울철에도 약 1,100명이 남극에 머물고 있다. 현재에는 남극 조약에 따라 영유권이 인정되지 않지만 과거 영유권을 주장했던 국가들[8]은 자국의 영토라 천명한 지역에 연구기지를 설치 운영해왔다. 미국·러시아·영국·프랑스·호주·중국·아르헨티나·칠레 등에 이어 남극에 2개 이상의 상주 과학기지를 운영하는 10번째 나라가 된 우리나라도 오늘날에는 남극연구의 중심국가로 우뚝 서게 되었다.

남극이라는 가혹한 환경에서 살아남기 위해서는 각국이 필수적으로 협력해야만 한다. 남극조약은 이를 인식하고 국제협력을 특히 강조하고 있다. 각국이 추진하는 과학 활동에 대한 정보 교류와 과학자 간 상호참여 등도 장려하며 남극연구과학위원회(Scientific Committee on Antarctic Research, SCAR)와

극지, 과학으로 다가서다

8) 영국·프랑스·노르웨이·뉴질랜드·호주·칠레·아르헨티나 등 7개국.

국가 남극운영자 회의(Council of Managers of National Antarctic Program, COMNAP)를 주축으로 한 실질적인 국제협력활동도 추진하고 있다. 세종기지가 남극반도에 멀리 위치하기 때문에 그동안은 국제협력에서 주로 수혜자 위치에 있었지만 쇄빙선 아라온호를 운용하고 장보고라는 제2 대륙기지까지 건설하면서 이제는 우리나라가 국제협력에서도 중심에 설 수 있게 되었다. 실제 많은 국가들이 아라온호를 활용한 공동연구에 관심을 가지고 있으며, 대륙에서 암반활주로 터를 인근에 두고 있는 장보고기지의 역할을 기대하고 있는 상태다.

남극기지의 건설과 운영은 해당 국가가 보유한 과학기술력을 과시하는 국력의 반영이자, 국민들의 자긍심을 고취하는 매개체라는 면에서 매우 중요하기 때문에 세계 각국은 기지 건설에 자신들이 보유한 기술력을 총동원하는 총력전을 펼쳐왔다. 자원 확보와 극지연구를 겨냥한 소위 '총성 없는 전쟁'이 끝없이 펼쳐지는 것이다. 각국은 극지 자원 경쟁에서 유리한 고지를 선점하고자 극지연구에 해마다 막대한 예산과 인력을 투입하고 있으며, 남극대륙 연안과 내륙에 위치한 주요 기지들을 통해 이와 같은 총력전을 잘 확인할 수 있다.

남극 최대 규모의 맥머도 기지(로스 섬의 헛 포인트 반도에 위치-남위 77도 50분 55초, 동경 166도 40분 05초, 그림 1-2)와 지리적 남극점에 유일한 기지(아문센-스콧 기지, 그림 1-2)를 운영하고 있는 미국은 당연히 남극연구의 선두주자임에 틀림없어 보인다. 최대의 허브 비행장인 페가수스 비행장도 이들이 운영하고 있다. 맥머도 기지는 20~100명 규모의 다른 기지들과는 차원이 다른 100여 동의 건물이 들어선 하나의 '소도시'를 이루고 있으며 여름철에는 최대 1,200명을 수용할 수 있다. 이착륙이 가능한 활주로와 헬리콥터 이

착륙 시설을 모두 구비하고 있기 때문에 쇄빙선의 접안이 가능한 여름철 뿐만 아니라, 겨울에도 비행기로 보급하고 있으며, 여기에는 연간 800만 갤런씩 저장하는 기름도 포함된다. 냉전시기에 최초로 건설되었던 아문센-스콧 남극점기지에는 1975년 미 국립과학재단(National Science Foundation, NSF)에 의해 돔 형태의 두 번째 기지가 건설되었다. 그러나 빙상의 흐름이나 매년 쌓이는 눈에 돔 형태의 기지가 매년 묻히는 점을 극복하기 위해 새로 아문센-스콧 기지를 건축하는데, 1996년에 착공한 이 건설작업은 악조건을 극복하기 위한 설계변경과 기상 악화로 무려 12년이나 걸려 2008년 1월에야 완공되었다. 겨울철에 최대 75명, 여름철에는 250명까지 거주할 수 있는 이 기지는 눈이 쌓이는 것에 대비하여 36개의 기둥 위에 건물을 올려놓은 형태를 하고 있는데, 건물 자체를 위로 들어 올릴 수 있는 시설도 갖추었다고 한다.

독일은 남극 동남극 엑스트롬 빙붕 위에 첫 남극기지로 노이마이어 I 기지(그림 1-2)를 건설하여 1981년부터 1992년까지 11년간 운영하고, 이어 2009년까지는 노이마이어 II 기지가 그 역할을 이어받았다. 그러나 엑스트롬 빙붕 지역이 연간 약 80cm의 적설량에 빙붕이 이동하는 등 많은 난제가 있어서, 1999년부터 노이마이어 III 기지의 개념 설계 작업에 착수하고 오랜 준비과정을 거쳐 빙붕 이동이 가장 적은 노이마이어 II 기지로부터 약 6km 떨어진 부지에 새로 기지를 건설하였다. 이 기지는 아문센-스콧 기지처럼 눈 위에 세우는 형태로 하였고, 필요에 따라 건물을 더 높일 수 있도록 설계했다. 에너지 소모량 절감과 바람에 의해 건물 주변에 눈이 쌓이는 현상을 최소화하였고, 겨울에는 9명, 여름에는 최대 60명이 수용가능하다.

영국은 1956년 첫 번째 할리(Halley) 기지를 건설한 이래 지속적으로 신기

극지, 과학으로 다가서다

지를 건설해왔는데, 이는 기지가 위치한 브런트 빙붕(Brunt Ice Shelf)이 매년 바다로 흘러가고 있어서 기지의 안정성에 문제가 있기 때문이다(그림 1-2). 이 기지에서는 월동대 16명, 하계대 약 60명이 활동하고 있다.

프랑스와 이탈리아는 동남극의 해발 3,233m 되는 Dome C 지역(남위 75도 06분, 동경 123도 21분)에 1999년부터 2004년에 걸쳐 콩코디아(Concordia) 공동 기지 건설을 완료하였다. 이 기지에는 월동대 약 16명, 하계대 약 32명이 활동하고 있다. 남극대륙 연안의 드몽드빌(Dumont d'Urville) 프랑스 기지로 부터 약 1,100km, 테라노바만(Terra Nova Bay)의 마리오 쥬켈리(Mario Zucchelli) 이탈리아 기지로부터는 약 1,200km 거리에 위치한다.

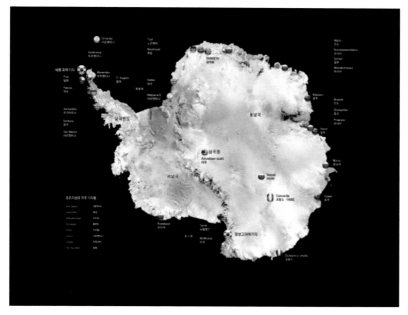

그림 1-2. 국가별 남극기지 위치도. 남극 세종과학기지와 제2기지인 남극 장보고과학기지의 위치는 붉은 원 으로 표시되어 있다(출처: 극지연구소 홈페이지, http://www.kopri.re.kr).

남극 빙상 아래 위치한 가장 큰 호수인 보스톡(Vostok) 호수를 덮고 있는 해발 3,488m의 빙상에 위치한 러시아의 보스톡기지는 1957년 12월에 개소하여(그림 1-2), 1980년에는 고기후 복원을 위한 빙하 코어 시추를 시작하고, 1990년대 말부터는 미국과 프랑스가 공동연구에 참여하고 있다. 빙하 시추 외에도 오존관측, 이온권 연구, 지자기 관측 등의 연구를 수행 중이다.

미국·영국·러시아보다는 늦었지만 우리나라보다 앞서서 첫 남극기지들을 가졌던 중국은 킹 조지섬과 동남극 라즈만힐 지역에 각각 장청기지와 중산기지를 1985년과 1989년에 준공하여 운영하고 있다(그림 1-2). 그 이후 다시 하계기지 확보에 나서서 최대 25명이 머물 수 있는 제3기지 쿤룬 기지를 해발고도가 가장 높은 돔 아르고스에 2008/09년 건설하였다(그림 1-2). 지구상에서 기온과 기압이 가장 낮은 지역이라고 알려진 쿤룬 기지는 남극에서 가장 오래된 빙하를 갖고 있어 고기후 복원에도 유리하며, 바람이 약하고 공기 중 수증기가 적어 청명일수가 많기 때문에 우주관측에도 적합하다고 한다.

남극조약 최초 서명국 12개국 중 하나였던 벨기에는 1963년부터 1967년까지 동남극 지역에 킹보두앵 기지를 운영했지만 눈에 묻히는 바람에 기지를 폐쇄했다. 그 이후 타국과의 공동연구 방식으로 남극연구를 수행해오다가, 2009년 2월에야 비로소 동남극 연안에서 내륙으로 200km 떨어진 우트슈타이넨 지역에 프린세스 엘리자베스 기지(남위 71도 57분, 동경 23도 21분)를 건설하였다(그림 1-2). 국가 기관이 아니라 국제극지재단(IPF)이 주도하여 건설된 이 기지에서는 화석연료 시스템을 비상용으로 하여 평소에는 전혀 사용하지 않고, 풍력, 태양력 등 100% 재생 에너지에 의해 운용되는 특징을 가진다. 현재 지구물리관측, 기상관측 등의 연구 거점으로 활용되고 있으며 최대 20명을 수용할 수 있는 하계기지로 운영된다.

일본의 쇼와(Shoya) 기지는 동남극 뤼초홀름(Lutzow Holm) 만 연안에서 약 4km 떨어진 온굴(Ongul) 섬(남위 69도 00분 22초, 동경 39도 45분 24초)에 1957년 건설되었다(그림 1-2). 남극대륙 내륙에 위치한 미즈호(Mizuho) 기지와 돔후지(Dome Fuji) 기지의 지원 보급을 위한 허브 역할도 수행하며, 월동대 약 40명, 하계대 약 110명이 활동하고 있다.

호주는 동남극의 홈 만(Holme Bay), 맥로버트슨 랜드(MacRobertson Land)에 위치한 홀슈 하버(Horseshoe Harbour)의 작은 노출암(남위 67도 36분, 동경 62도 53분)에 첫 남극 대륙기지를 건설하고, 이후 다수의 기지들을 연안에 건설하였다(그림 1-2). 남극 최초의 우주선(cosmic ray) 관측소를 설치하였고, 월동대 20~30명, 하계대 60명이 활동하고 있다.

극지 기후와
물리적 환경

북극해와 북극진동
남극대륙과 남극순환류

PART 2. 극지 기후와 물리적 환경

최근 기후변화에 따른 전 지구적인 평균기온의 상승은 극지의 바다에도 영향을 미쳐 컨베이어 벨트로 불리는 거대한 해양의 열염분순환 자체에 변동을 야기하는 것으로 알려져 있고, 극지에서 일어나는 물리적 변화가 전 지구적으로 중대한 영향을 미치며 '지구의 기후를 만들어 내는' 것으로 알려져 있어 극지의 물리적 환경과 그 변화는 기후 연구의 필수적인 요소라 할 수 있다. 지난 50년 동안 북극 지표면의 겨울철 평균기온이 무려 섭씨 10도 이상이나 상승하는 등 대류권 전반에 걸친 온난화 현상이 북극지역에서 크게 증폭되어 나타나고 있다. 또, 세계에서 가장 기온이 낮고 매우 강한 바람이 부는 남극대륙 주위에는 서에서 동으로 빙빙 도는 남극순환류[9](Antarctic Circumpolar Current, ACC)가 존재하는데, 이 남극순환류와 그 탄소흡수능력이 최근의 기후변화로 어떤 영향을 받게 될지는 과학자들 사이에서 여전히 큰 논쟁거리로 남아 있다. 빙하로 둘러싸인 남극에서는 애초에 생각했던 것보다 훨씬 더 민감하게 기후와 해양 변동에 반응하여 빙하가 얇아지고 여러 방향으로 생태계가 변화를 겪고 있음도 밝혀졌다. 북극 역시 북극해를 둘러싸고 있는 주변 대륙의 빙하가 급격하게 녹아 수위가 상승하는 등 극지 생태계는 기후변화에 다양하게 반응하고 있다. 극지역의 물리적 환경과 그 변동을 관측하고 진단하는 것은 미래 변동성을 예측하기 위해서도 매우 중요한데, 현재의 기후변화와 극지 생태계의 반응

극지, 과학으로 다가서다

---

9) 환남극해류라고도 불린다.

으로 말미암아 향후 기후변화의 정도가 어떻게 영향을 미칠지 예측할 수 있기 때문이다. 이 장에서는 극지의 물리적 환경과 기후변화로 겪고 있는 극지의 변화에 대해 알아보기로 한다.

북극해와 북극진동

'지구의 기후를 만들어 내는 곳'으로 알려진 북극은 최근에 와서 그 과학적 중요성이 새롭게 부각되고 있다. 대륙인 남극과 달리 북미 대륙과 유라시아 대륙에 둘러싸인 바다인 북극은 일반적으로 북위 66도 이상의 북극권(Arctic Circle), 산림성장한계선, 빙하남하한계선, 영구동토선 등을 지칭하기도 하지만 일반적으로는 7월 평균기온이 섭씨 10도인 등온선의 이북 지역을 뜻한다. 지중해의 4배나 되는 면적을 가진 이 북극해[10](北極海)의 70%는 대륙붕으로서 광물자원이 풍부하고 주변에 주요 어장이 위치하여 수산자원도 풍부한 것으로 알려져 있다. 평균 수심은 1,000m가 넘는데 태평양과는 베링 해협(Bering Strait)으로 이어지며 대서양과는 케네디 해협, 배핀만(Baffin Bay) 데이비스 해협(Davis Strait), 덴마크 해협(Denmark Strait), 노르웨이해(Norwegian Sea)로 연결된다(그림 2-1).

북극해의 해빙(sea ice)은 그 중심에서 두께가 평균 3~4m이고, 가장자리로 가면서 얇아지는 렌즈 모양을 하고 있는데, 하나가 아니라 여러 개의 덩어리로 이루어져 바람과 해류의 영향으로 끊임없이 이동하고 있다. 겨울에

---

10) 북빙양(北氷洋)이라고도 불린다.

그림 2-1. 북극해와 그 주변 지형

(출처: http://nordpil.com/go/portfolio/mapsgraphics/arctic-topography)

는 대부분 두께 1~15m의 빙원[11](氷原)이 되고, 여름에는 부빙[12](浮氷, pack ice)
이나 빙산[13](氷山)으로 되어 베링 해(Bering Sea)와 북대서양으로 이동한다.
표면은 해빙으로 뒤덮이지만 여름에는 연안에 개수면(開水面)이 생겨서 항

---

11) 충분한 강수량을 가지면서도 추운 날씨와 높은 고도에서 볼 수 있는 50,000km²가 안 되는 얼음
  지역. 지면이 얼음으로 덮여 있는 넓은 지역으로, 많은 눈이 몇 년에 걸쳐 축적되면서 응고에 의
  해 얼음으로 바뀌어 형성된다(출처: 위키백과).
12) 극지역 바다에 떠다니는 얼음 덩어리(출처: 다음 백과사전).
13) 극지역 바다에 얼음섬처럼 떠 있는 보다 큰 얼음 덩어리로 산처럼 보인다.

행이 가능해진다.

북극 해수는 수직적으로 3층 구조를 가지는데, 수온이 영하로 낮고 염분이 30 이하로 매우 낮은 표층수와 수온이 영상으로 상대적으로 높고 염분은 35 이하로 낮은 중층수(혹은 대서양수. 흔히 200~900m 수심에 분포), 그리고 수온이 다시 영하로 낮고 염분은 35 이상으로 높은 저층수로 구분할 수 있다. 그 수송량은 크지 않으나 베링 해로부터 태평양수가 북극점 부근까지 연결되며 그린란드 환류(Greenland Gyre) 등을 통해 그린란드 서부 해역에서 가라앉은 무거운 해수가 대서양으로 유입하는 순환구조를 가지는 것으로 알려져 있다(그림 2-2). 표층의 저염수는 시베리아 강들로부터 유입되는 담수와 해빙이 녹으며 형성되는 것으로 알려져 있다.

기후변화와 지구온난화에 따라 빙하가 녹으며 해수면이 상승하고 있는 것은 전 지구적인 전반적 추세이지만 지역에 따라 그 여파는 크게 다르다.

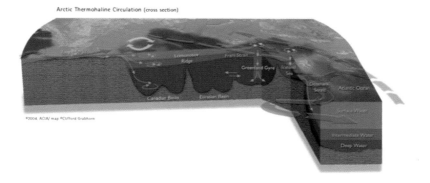

그림 2-2. 북극해의 순환

(출처: http://www.oceanographers.ru/podcast/wp-content/uploads/2008/11/arctic_water_masses.png)

무엇보다도 북극에서는 온난화가 지구상의 그 어느 곳보다도 빠른 속도로 일어나고 있으며, 민감한 변화가 감지되고 있다. 이것은 북극해의 해빙이 녹으면서 해빙 피드백이 발생하는 북극에서의 기후 피드백이 매우 강력하기 때문이다. 즉, 태양빛을 반사하던 해빙이 녹으면서 더 많은 태양에너지가 바다에 흡수되어 온도를 상승시키고 다시 해빙을 더 많이 녹이는 과정이 반복된다[14]. 이미 첫 편[15]에서도 소개한 바와 같이 미 항공우주국(NASA)의 위성관측 결과에 따르면 그린란드 주변 해빙 두께의 급격한 감소가 뚜렷하다. 그린란드 연안 저지대에서는 빙하가 녹거나 빙산이 되면서 2003년부터 2005년까지 155기가 톤(1,550억 톤)의 빙하가 사라졌고, 반대로 내륙 고지대에서는 폭설로 54기가 톤이 증가했다는 보고도 있다. 빙하의 손실과 증가가 균형을 이루었던 1990년대와 달리 빙하가 급격히 사라지고 있는 것이다. 이렇게 빙하가 급격히 녹아내리면서 해수면도 그 상승이 가속화될 수 있기 때문에 우려되는데, 그린란드 주변뿐만 아니라 알래스카 해안과 북극해에서도 해빙의 두께가 얇아지는 변화들이 계속 감지되고 있다고 한다. 북극기후영향평가(Arctic Climate Impact Assessment, ACIA)에 참여한 600명의 과학자들을 포함한 많은 과학자들은 북극해의 해빙이 여름철 수개월 동안 완전히 사라지는 것에 대해 우려하고 있는 상태이고, 특히 2040~2050년으로 예상했던 북극 빙하 소멸 예측이 수십 년이나 앞당겨져 바로 현재가 되어버리는 등 빙하 소실이 이전 예상보다도 훨씬 급격하게 일어나고 있다.

해빙 피드백 이외에도 온난화에 따른 북극 생물활동 증가와 이로 인한 태

북극, 과학으로 다가서다

---

14) 한국극지연구진흥회 블로그, 기후변화와 북극 한파 이야기, http://www.kosap.or.kr/blog/10928.
15) 남성현, 2012, 『바다에서 희망을 보다』, 이담북스, 116.

양열 흡수 증가로 인해 온도 상승이 가속화될 수 있으며, 영구동토층 해빙의 메탄과 같은 온실기체 방출 등의 증폭 메커니즘도 작동할 수 있어 북극해와 북극해 연안의 기후환경은 급격히 변화할 것으로 예상되고 있다. 과학자들이 우려하고 있는 대표적인 시나리오의 하나로 시베리아를 비롯한 북극 주변의 영구 동토층과 바다/호수 아래에 그동안 갇혀 있었던 메탄이 급속하게 대기 중으로 방출되는 상황을 들 수 있다. 대표적인 온실가스인 이산화탄소보다 30배 이상 강력한 온실효과를 가지고 있는 것으로 알려진 메탄이 대기로 급격히 방출되면 온난화를 가속화할 수 있어서 기후변화가 티핑포인트를 넘어갈 수 있다는 것이다. 미 알래스카주립대학교 과학자들은 동시베리아 연안 해양에서 메탄의 방출 속도가 예상보다 두 배이상 빠른 것을 확인했으며, 북극해의 다른 모든 대륙붕에서 매탄 방출 잠재력이 실제보다 과소평가되었을 가능성에 주목하고 있다. 더구나 북극해 주변 대부분의 해역에서는 항해 시즌이 연장되고 접근성이 보다 용이해지는 등 북극항로 개발을 둘러싼 북극해 주변국들의 첨예한 대립도 앞으로 본격화될 것으로 전망된다. 북극항로 개발은 그 자체로 환경오염과 온실가스 배출량의 증가로 더 심각한 지구온난화 요인이 될 수 있다는 보고도 있어 이에 대한 각별한 주의가 필요하다.

한반도와 멀리 떨어져 있는 북극은 흔히 우리나라에까지 큰 영향을 주지 않을 것으로 생각하기 쉬우나 실제로 북극의 차가운 대기가 중위도까지 내려와 종종 한파를 유발하는 등 북극에서의 변화는 한반도를 비롯한 중위도 지역 나아가 지구촌 곳곳의 기상현상과도 밀접한 관련이 있다. 작년 (2013년) 겨울에는 미국 워싱턴에 기록적인 한파가 찾아오고 중국에서는 때 아닌 폭설이 내렸으며, 우리나라에서도 아침 최저기온이 영하 19도까지 떨어지며 55년 만에 2월 한파가 찾아오는 등 기상 이변이 속출하고 있는데, 서울대학교 지구환경과학부 허창회 교수, 극지연구소 극지환경연구부 김성중 박사, 극지연구소 기후연구부 김백민 박사 등 주요 전문가들은 최근 한파의 원인으로 평년보다 발달한 고기압 세력과 더불어 '북극진동(혹은 극진동, Arctic Oscillation, AO)'의 변화를 원인으로 꼽고 있다. 북극진동이란 북극과 중위도 지방 사이의 기압차에 의해 북극에 분포하는 찬 공기의 소용돌이가 수십 일 혹은 수십 년을 주기로 강약을 반복하는 현상으로, 북반구 전체 해면기압을 분석하여 전반적인 북반구 전체 대기순환의 지배 양상(그림 2-3)을 파악한 미 워싱턴대학의 월레스(Wallace) 교수와 당시 대

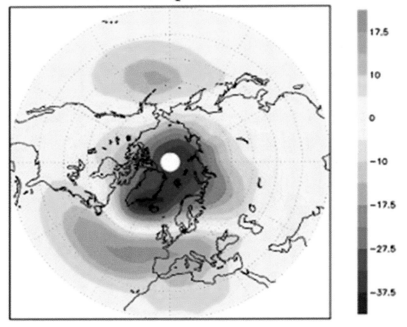

그림 2-3. 북극진동의 공간 변동 양상(출처: 한국극지연구진흥회 블로그, 지구온난화와 한반도 한파, http://www.kosap.or.kr/blog/3350)

학원생이었던 톰슨(Thompson)에 의해 1998년 최초로 제시되었다. 북극진동은 흔히 북극진동지수(Arctic Oscillation Index, AOI)로 나타내는데, 최근 한반도의 한파는 북극진동지수가 양(+)에서 음(-)으로 곤두박질치면서 나타난 것으로 확인되었고, 뉴욕 등 미 북동부나 여타 지역의 겨울철 한파도 이와 무관하지 않을 것이다.

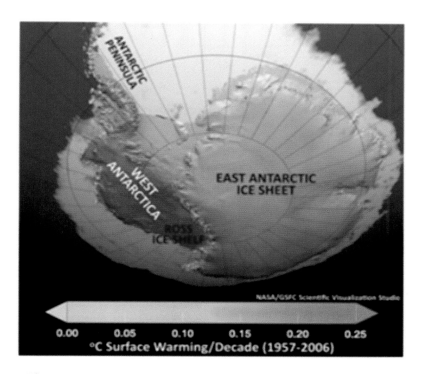

그림 2-4. 남극대륙의 지역별 지난 10년간 평균온도 상승률. 서남극에서 온도 상승이 더 가파르게 나타나고 있다(출처: 한국극지연구진흥회 블로그, 아라온호 서남극해 첫 과학탐사).

북극진동지수가 양(+)의 값을 가지면 북극과 중위도 사이의 기압차가 커지며 북극에 한기가 정체하는 반면, 음(-)의 값을 가지면 기압차가 작아지면서 북극의 한기가 중위도까지 남하하기 쉬워진다. 극지 해빙이 더 많이 녹으며 더 많은 태양열을 흡수하면 북극진동의 세기가 약화되어(음의 북극 진동지수), 북극을 띠처럼 두르고 있는 제트기류가 느슨해지고 북극의 한기가 중위도까지 확장될 수 있다. 이때 제트기류는 시베리아의 한기를 한반도로 가져오는 역할을 하게 되어 한파가 발생한다는 것이다.

또, 북극진동은 겨울철뿐만 아니라 다른 계절에도 우리나라에 영향을 줄 수 있는데, 2009년 김선영 · 이승호 박사의 연구에 따르면 겨울철 북극진동지수와 한반도 황사 출현 일수 사이에 깊은 상관관계가 있으며, 유라시아 대륙의 적설면적과 황사 출현 일수 사이에는 반대의 상관관계가 있다고 한다. 즉, 겨울철 북극진동지수가 양(+)의 값이 우세하면 황사 발원지가 황사 발생에 유리한 조건을 가지고, 유라시아 대륙의 적설면적이 감소하면 발원지가 건조해져 황사 출현이 증가할 수 있게 된다.

아직 정확한 원인은 밝혀지지 않았으나 최근 수십 년간의 자료에 의하면 겨울철 북극진동의 세기가 10년 정도의 주기로 변동하고 있는 것으로 알려졌다. 지구온난화가 진행되면서 해빙이 녹고, 태양열을 반사하던 해빙이 줄어들면서 더 많은 태양열을 흡수하는 해빙 피드백이 진행되면서 한반도를 비롯한 동아시아에 겨울철 이상한파가 최근 더 잦아지고 있는 것도 이와 무관하지 않아 보인다. 해빙 피드백을 포함한 복잡한 기후 기작이 작동되며 북반구 전체적인 기온, 강수량, 오존량, 복사량, 태풍 활동, 해빙과 적설 면적, 식생, 그리고 해양 대순환에 이르기까지 기후 시스템의 변동을 설명하는 북극진동의 효과를 여실히 보고 있는 오늘날, 극지 기인 변동성을 예측하여 기후 재난에 대비하도록 노력하는 일이 무엇보다도 중요하다고 할 것이다.

남극대륙과 남극순환류

북극과 달리 만년빙으로 덮여 있는 거대한 대륙이 존재하는 남극은 대륙 주위를 고리처럼 감싸고 있는 남빙양(Southern Ocean, 南氷洋)을 포함하며, 남 빙양에는 서에서 동으로 흐르는 거대한 남극순환류가 존재하고 있다. 남 극순환류를 따라 서로 다른 종류의 바닷물 덩어리(수괴, water mass)가 만나는 경계에 해당하는 남극수렴선이 남위 50~60도 사이에 존재하는데, 엄격한 의미의 남극권은 수렴선 이남의 남빙양과 남극대륙 및 해당 해역의 섬들을 일컫는다[16].

빙붕[17](ice shelf, 氷棚)을 포함하여 1,360만km²의 거대한 면적을 가지는 남극 대륙은 유럽대륙이나 호주대륙보다도 넓으며, 본초자오선[18](本初子午線)을 중심으로 동쪽의 동남극과 서쪽의 서남극으로 구분한다. 동남극이 서남 극보다 넓고 기온이 더 낮고 얼음도 더 두껍고 더 오래된 지층과 바위로 이루어져 있다. 태평양에서 대서양쪽으로 총 연장 2,200km에 달하는 남 극횡단산맥이 존재하며, 평균 고도는 2,300m 정도로 그다음가는 아시아 대륙의 800m보다 월등히 높다[19].

---

16) 단, 국제수로기구(International Hydrographic Organization, IHO)에서는 1999년 5월 남빙양을 남극조약의 경계인 남위 60도 이남으로 정의하였다.

17) 1년 내내 얼음으로 덮인 바다로 육지에 접해 있으면서 해상에 떠 있는 대규모의 얼음덩어리 (출처: 다음 백과사전).

18) 본초 자오선은 영국 그리니치의 그리니치 천문대를 지나는 자오선으로, 경도의 기준이 된다. 현재의 경도 0도로 1884년에 국제회의에서 그리니치 천문대를 지나는 본초 자오선을 표준으로 삼기로 결정했다. 1972년에 협정 세계시로 바뀌기 전까지는 시간대의 기준이 되었다(출처: 위키백과).

19) 극지연구소 홈페이지, e-Book, 가혹하고 신비한 남극의 환경. http://www.kopri.re.kr/eBook/ antarcticearth/antarcticearth_earth/antarcticearth_earth_antarctic/antarcti cnearth_earth_an- tarctic.cms.

남위 62도 13분에 위치한 세종기지에서는 하루 24시간이 낮이거나 밤인 날이 없지만, 밤이 제일 긴 6월 21일경에는 해가 아침 9시 30분경에 뜨고 오후 2시 30분경에 진다. 반대로 12월 21일경에는 낮이 제일 길어서, 해가 밤 11시경에 지고 새벽 3시경에 뜬다. 남쪽으로 갈수록 밤만 지속되거나 낮만 지속되는 기간이 길어져서 지리적 남극점에 이르면 3월 20일경부터 6개월 동안 밤이 되고, 9월 20일경부터 6개월은 낮이 되는 셈이다. 그러나 실제로는 빛의 굴절 때문에 1개월 동안은 여명이 존재한다.

남극대륙에는 석유를 비롯한 지하자원과 금속자원뿐만 아니라 활화산과 온천도 있고, 심지어 지진도 일어난다. 그러나 해안과 높은 바위산 정상을 빼고는 대부분 빙상(氷床)이라 불리는 두꺼운 얼음으로 덮여 있다. 평균적으로는 2,160m, 두꺼운 곳에서는 두께가 4,800m에 이르는 남극대륙의 빙상은 서서히 대서양 쪽으로 이동하고 있는데, 그 속도가 내륙에서는 연간 2~3m 정도이지만 해안 쪽에서는 연간 1~1.5km로 빨라진다. 빙상이 해안 쪽으로 흘러내리면서 낮은 곳을 채우기 때문에 결국 빙붕에서는 평탄해지게 되는데, 북쪽으로 이동하면서 깨지는 과정에서 위가 평탄한 탁상형 빙산이 만들어지게 된다. 또, 흘러내리는 과정에서 아래 지형에 따라 갈라지게 되는데, 그 틈을 '크레바스'라고 부른다. 크레바스는 작으면 수 cm에 불과하지만 크면 20~30m 이상이 되고 깊이도 수십 m가 되어 남극 탐험의 가장 큰 장애물 중 하나라고 한다. 특히 크레바스가 눈으로 살짝 덮여 보이지 않을 때는 그야말로 무서운 함정이 된다.

남극대륙은 무엇보다도 지구상에서 가장 낮은 기온이 기록되는 지역이다. 해발 3,488m에 위치한 러시아 보스토크(Vostok) 기지에서는 1983년 7월 21일에 섭씨 영하 89.6도라는 기록적인 최저기온이 측정되기도 하였는데, 이러한 조건에서는 사람이 만든 모든 인공섬유가 부스러지고, 솜과 양털, 낙타털, 곰 가죽 등과 같은 천연섬유만 견딜 수 있다고 한다. 겨울철 평균기온이 해안에서는 섭씨 영하 20~30도, 내륙에서는 영하 40~70도이며, 8월 말에 기온이 가장 낮아진다. 여름철에는 남극반도에서 최고 영상 15도까지 오르기도 하지만 평균기온은 해안에서 영하 4도 이상, 내륙에서 영하 20~35도이다.

남극대륙은 극한의 낮은 기온과 더불어 바람 또한 매우 강하기 때문에 더욱 가혹한 환경이 된다. 평균풍속은 초속 약 18m이며, 남극점에서는 다소 약하여 겨울철에는 시속 초속 약 7.5m, 여름철에는 초속 약 4m의 월평균 풍속을 가진다. 특히, 해안지방은 바람이 유난히 강하여, 동남극의 코먼웰스(Commonwealth) 만은 연평균 풍속이 초속 22.2m에 달하며, 블리저드(blizzard)라고 불리는 강한 눈보라가 종종 분다고 한다. 기온이 낮기 때문에 대기 중 수증기 함량도 낮으며, 대부분 눈이 내리고 비는 거의 내리지 않는다. 남극고원에서의 연간강수량은 50mm, 해안지역에서는 500mm 내외이다.[20] 대륙의 지표면이 얼음으로 덮여 있어서 태양열에 대한 반사율이 크고, 대기가 건조하여 지표의 장파복사열도 약하므로 기온이 더욱 낮아지게 된다. 또한, 육지로 둘러싸인 바다인 북극해와 달리 남극대륙을 둘러싸고 있는 남빙양은 다른 대륙이 없이 강한 편서풍의 영향을 받는 세계적인 폭풍해역이다.

남극권에 위치한 수렴선 이남의 남빙양에서는 전 세계에서 가장 무거운

---

20) 다음 백과사전, 남극대륙의 기후. http://100.daum.net/encyclopedia/view.do?docid= b03n3135b004.

해수인 남극저층수(Antarctic Bottom Water, 南極底層水)가 생성된다. 기온의 하강으로 해빙이 형성되는 과정에서 방출되는 염분이 고염의 무거운 남극저층수를 만들게 되며, 이렇게 생성된 남극저층수는 각 대양의 저층으로 수송된다. 일본 홋카이도대학 저온과학연구소를 중심으로 호주의 태즈메이니아대학, 일본의 동경해양대학, 국립극지연구소 등의 공동 연구팀은 최근 전 세계 해수의 약 1/3 정도가 남극저층수 기원이고, 나머지 2/3는 그린란드 해역에서 생성된 북대서양심층수 기원임을 밝혔다. 그러나 남극저층수의 변동과 상세한 구조를 파악하기 위해서는 아직도 미진한 심해 장기 관측이 앞으로 더 시도될 필요가 있다.

우리나라에서도 서남극에서 온난화가 가장 급격히 진행되는 아문센 해의 온난화 추세와 원인 규명 등을 목적으로 국내외 대학과 연구기관의 전문가들이 참여한 대형 국제컨소시엄 과제인 아문센 해 연구과제(Amundsen Sea Project)가 2010년부터 수행되었다. 첫 현장조사를 위해 한국해양과학기술원 부설 극지연구소 극지해양연구부 이상훈 박사 등 24인의 아문센 해 연구팀은 2010년 12월 17일 세종과학기지에 집결하여 사전준비를 시작하고, 아라온호에 승선하여 12월 21일 저녁에 세종기지를 출항하고, 남극 결빙해역의 첫 연구항해를 시작하였다.[21] 이들은 쇄빙 작업으로 시끄럽고 흔들리는 배 위에서 밤을 새워(승선 시 쇄빙과정 중에는 망치로 벽을 두드리는 것처럼 시끄럽다고 한다) 해양관측과 실험을 하고 2011년 새해를 맞이하는 등의 고된 노력을 통해, 계획했던 24개를 초과한 30개의 정점에서 관측을 수행하고 퇴적물 포집기와 해류계 관측 장비들을 계류한 뒤에야 1월 22일, 세종

---

21) 한국극지연구진흥회 블로그, 아라온호 서남극해 첫 과학탐사. http://www.kosap.or.kr/blog/6436

기지 출발 33일 만에 뉴질랜드의 크라이스트처치에 도착하며 항해를 마칠 수 있었다. 이렇게 수집된 귀한 자료들은 아문센해 온난화를 비롯하여 기후변화 문제들을 푸는 중요한 연구들에 활용되고 있다.

서남극의 아문센 해에 존재하는 파인 아일랜드(Pine Island) 만에서는 예상보다도 훨씬 더 민감하게 기후와 해양 변동에 반응하여 얇아진 빙하가 발견되기도 하였는데, 빙하가 접해 있는 대륙붕에 존재하는 따뜻한 남극심층수[22](Circumpolar Deep Water)의 심층흐름이 해저에서 솟아오른 해령(ridge)과 같은 지형적인 영향과 기후변동의 영향을 동시에 받아 해양의 열수송이 크게 변동하기 때문이다. 극지연구소 소속의 하호경 박사, 이상훈 박사와 영국남극조사소(British Antarctic Survey) 피에르 뒤트리외(Pierre Dutrieux) 교수 등이 포함된 연구진은, 최근 파인 아일랜드 빙하 중 바다에 접해 있는 빙상 부분이 2012년에는 2010년에 비해 50%나 적게 녹은 것을 관측하고, 이것이 강한 라니냐와 관련된 대기변화가 야기한 해양상태 변화에 일부 원인이 있는 것으로 추정하는 새로운 논문[23]을 과학잡지 『사이언스』에 출판하였다. 공동 저자인 아드리안 젠킨스(Adrian Jenkins) 교수(영국남극관측소 소속)는 "이 해역의 변화는 다른 해역에 비해 아주 크진 않지만 특별히 놀란 점은 빙붕 녹음이 이러한 해양변화에 극단적으로 민감하게 반응한다는 것이다. 이러한 큰 민감성은 빙붕 아래에 존재하는 해저 지형인 해령 때문이다. 이 해령은 무인수중잠수정으로 빙하 아래 해저 지형을 탐사한 뒤 발견될 수 있었다. 이 발견으로 빙붕이 녹고 얇아지는 현상이 이전에 생각했던

Part 2. 극지 기후와 물리적 환경

---

22) 남극저층수 위에 분포하는 상대적으로 고온의 특성을 가지는 해수.

23) Dutrieux, P., J. De Rydt, A. Jenkins, R. R. Holland, H. K. Ha, S. H. Lee, E. J. Steig, Q. Ding, E. P. Abrahamsen, M. Schröder(2014), Strong sensitivity of Pine Island ice-shelf melting to climatic variability, Science, 343 (6167), 174-178, doi:10.1126/science.1244341.

것보다 훨씬 가변적이고 열대해역 기후변동에 훨씬 더 크게 영향을 받을 수 있음을 알게 되었다"고 인터뷰하였다.[24]

남빙양과 같은 인류의 접근성이 떨어지는 바다에서는 특히 심해 계류 해류계와 같은 무인관측기기로 지속적인 (시간에 따라 측정된) 시계열 자료를 수집하는 것이 중요하다. 최근 프랑스 국립자연사박물관 박용향 교수 등의 연구진은 심해 계류 해류계 자료를 인공위성 고도계 자료와 비교, 분석하여 남극순환류의 수송량 변동 특성에 대한 논문[25]을 발표하였다. 이 논문은 남극순환류의 중요한 해저 장애물이라 할 수 있는 커글린 해대(Kerguelen Plateau)와 환 해령(Fawn Trough) 부근에서의 해수 수송량 변동성을 연구한 결과를 정리한 것이다. 이들은 TRACK(TRansport ACross the Kerguelen plateau) 프로젝트를 통해 2009년 2월, 인공위성 Jason-2 해면고도계 경로에 해류계가 부착된 3기의 심해 계류선을 설치하였고, 2010년 1월까지 연속적으로 수집된 자료를 분석하여 34~43Sv의 크기를 가지는 남극순환류 수송량의 시간적인 변동 특성을 연구하였다. 특히 심해의 실측 자료로부터 추정된 해수 수송량과 인공위성 고도계 자료로부터 추정된 해수 수송량 사이에 일관된 경년변동 특성을 가지기 때문에, 지난 20년간 축적된 인공위성 고도계 자료로부터 효과적으로 해수 수송량의 경년변동 특성을 밝힐 수 있었다(그림 2-5). 1997~1998년과 같은 대표적인 엘니뇨 해에 그 연간 수송량이 1년의 위상차를 가지고 약 3Sv 증가하는 것을 발견하였고, 남반구 극

24) KISTI 미리안 <글로벌 동향 브리핑>, 서남극 지역 빙하, 기후변동에 매우 민감하게 영향 받는 것으로 드러나, http://mirian.kisti.re.kr/futuremonitor/view.jsp?record_no=243940&service_code=04. http://www.eurekalert.org/pub_releases/2014-01/bas-pig010214.php.

25) Vivier, F., Y. -H. Park, H. Sekma, and J. Le Sommer(2014), Variability of the Antarctic Circumpolar Current transport through the Fawn Trough, Kerguelen Plateau, Deep-Sea Research II, in print.

진동(Southern Annular Mode, SAM) 지수와도 경년 시간 규모에서 유의할 만한 상관도(0.6)를 보여서, 환극풍(circumpolar wind)의 강화가 커글린 해대를 가로지르는 수송량을 증가시킬 수 있음을 시사하고 있다.

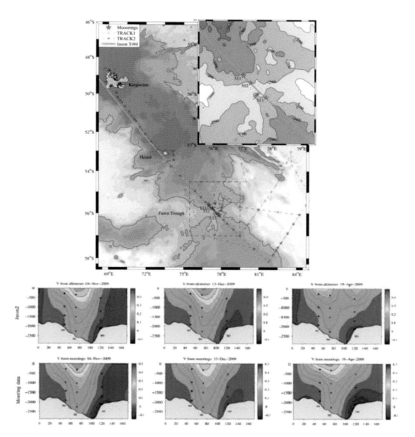

그림 2-5. (위) 심해계류선 3기(M1, M2, and M3)의 위치와 TRACK1(분홍), TRACK2(파랑) 해양조사 기간에 CTD-LADCP 장비 관측을 수행한 정점들의 위치. 인공위성 고도계 자료가 측정되는 위치는 하늘색으로 표시(출처: Vivier et al., 2014), (아래) 인공위성 고도계(위)와 심해 계류 해류계(아래)로부터 추정한 커글린 해대(Kerguelen Plateau)를 가로지르는 단면의 유속구조. 왼쪽부터 오른쪽으로 각각 2009년 11월 4일, 2009년 12월 13일, 그리고 2009년 4월 19일에 해당한다(출처: Vivier et al., 2014).

Part **3**

극지생물 및 생태계

극지 환경 생존 전략
남북극 생태계 및 다양성 연구
기후변화와 극지의 생태
극지생물자원

PART 3. 극지생물 및 생태계

지구상에서 가장 규모가 큰 대형 포식자를 유지하는 생태계인 남빙양을 비롯하여 특유의 혹독한 환경조건을 제공하고 있는 극지는 전반적으로 다양한 생물이 서식하고 있는 생물연구의 미개척 영역이라 할 수 있다. 오늘날 과학자들은 이러한 극지생물의 환경 적응 기작과 극지생물 고유의 생명현상을 연구할 뿐만 아니라 극지생물자원의 발굴과 극지 유래 신규 생물 소재 개발 등의 응용연구까지 폭넓게 수행하고 있다. 또, 기후변화로 사라지고 있는 극지생물의 보전을 위해 극지생물 재현과 극지생물자원은 행 구축을 위해서도 노력 중이다. 이번 장에서는 다양한 생물들이 극지라는 독특한 환경에서 어떻게 적응해왔는지, 과학자들은 이들을 모니터링하며 어떤 변화를 발견해왔는지, 또 변화하는 기후 속에서 사라지고 있는 수많은 미지의 극지생물들을 보전하고 유용한 물질을 찾기 위해 어떤 연구들을 하고 있는지 알아보기로 한다.

우리나라는 남극연구에 뛰어들면서부터 바로 남극 해양생태계 연구를 시작했는데, 1978/79년부터 네 번에 걸친 크릴어획/조사를 통해 어획지역의 환경을 관측하고 어획시험, 적정어업방법과 어군탐색법 등을 조사했다.[26] 세종기지의 건설과 더불어 1988/89년부터 남빙양 해양조사와 세종기지 주변 맥스웰 만의 해양저서(低棲)생물들을 채집하여 생물상과 분포양상을

극지, 과학으로 다가서다

---

26) 한국극지연구진흥회 블로그. http://www.kosap.or.kr/reant4.

조사하고 마리안 소만 앞바다의 저서동식물상 조사를 시작했다. 1991/92년부터는 쇄빙능력을 갖춘 프랑스 '에레부스'호를 이용하면서 웨델 해의 결빙해역에 진입하여 해빙해역 식물플랑크톤 대번성을 관측하기도 하였고, 해양생물 배양 실험 연구도 시작하였다. 1995/96년에는 미국해양대기청(National Oceanic and Atmospheric Administration, NOAA) 남극생태계 연구팀을 비롯해 다른 연구 그룹과의 공동연구를 처음으로 수행하였고, 1999/2000년에는 크릴의 자원량을 재평가하기 위한 국제공동조사를 실시했다. 이후 남극큰띠조개를 연구하고, 생체지표를 개발하기 위한 노력도 시작하였으며, 생태계 모니터링 체제도 수립하게 된다. 최근에는 인공위성을 활용한 해색(Ocean Color, 海色) 탐사도 활발하며, 식물플랑크톤 대번성이 남빙양 전 지역에서 일어나는 것이 아니라 해빙 주변이나 연근해, 남빙양과 다른 대양 사이의 경계수역인 극전선 같은 지역에 국한되어 일어난다는 것을 확인하게 되었다.

극한 환경 생존 전략

극지 생태계는 다른 생태계와는 다르게 아주 극한 환경에 노출되어 있다. 예를 들면, 남극 생태계는 다른 대륙으로부터 분리되고 냉각이 시작된 이래 독특한 진화과정을 밟아왔다고 한다. 대륙의 빙하 밑에 묻힌 호소생태계나 드라이 밸리(Dry Valley)는 오랜 세월 바깥세상과 격리된 채 진화하거나 보존된 생명체들의 터전이다. 또한, 남극은 지구상에서 그 면적으로 볼 때 전세계 해양 표면적의 10% 정도를 차지하는 남빙양으로 둘러싸여 있는 가장 큰 규모의 단위 생태계이기도 하다. 북극과 함께 극지 생태계는 극한 환경으로 인해 지구 온난화, 오존층 확대와 같은 기후변화로 인한 문제점의 영향을 가장 크게 받는 곳이기도 하다. 이처럼 환경변화에 민감하게 반응하는 시스템으로 인해 극지 서식 생물들은 환경의 변화와 맞춰 진화, 적응하거나 멸종해 간다.

수천 년 동안 극지 생태계에서 극한 환경을 견디고 살아온 생물에게는 다른 생물로부터 찾아보기 힘든 독특한 몇몇 특징들이 있다. 저온과 심한 계절 변화 등의 가혹한 시련을 견뎌낸 극지생물들은 환경적응을 위해 분자 수준에서부터 시작하여 개체군 수준에 이르기까지 여러 단계에서 다양한 전략을 구사하게 된다. 특히 극지에서는 식물, 동물, 지의류 등의 진핵생물과 미생물이 상호 경쟁과 협력을 통해 혹독한 자연환경에 적응하고 있다. 어떤 과학자들은 분자생물학에 초점을 둔 독특한 극지 적응기작(adaptive strategies)을 연구하기 위해 극지를 찾기도 한다. 혹독한 환경에 적응하여 생명현상을 유지하고 있는 생물들은 대사과정에서 독특한 생체물질을 만들어 내는 신물질의 원천으로도 여겨지고 있다. 극한의 환경에 적응하며 진화하여 특정 유전자를 가지게 된 극지의 육상 식생으로부터도 결빙방지물질 등을 찾는 시도가 가능할 것이다. 이처럼 극한 환경에서 살아남을 수 있도록 비교적 에너지가 많이 드는 독특한 생리적 기작을 수행함에도 불구하고 극지에 서식하는 생물은 미생물부터 포유류에 이르기까지 그 각각의 종 다양성 또한 무척 다양하다. 남극에는 춥고, 건조하고, 고염, 고압 등 혹독한 환경에 적응한 극한 미생물 박테리아, 균류(fungi), 조류(algae) 등의 친저온성 생물(psychrophiles)이 넘쳐난다. 이 생물들은 다른 종들과는 다른 독특한 물질들(bioactivemolecules, biopharmaceuticals, extremozymes 등)을 만들어낼 수 있기 때문에 중요한 차세대 생명공학적 자원을 제공하고, 이들이 어떻게 이토록 극한 환경에서 생존할 수 있는지 생존과 복제/번식의 분자적 규명을 할 수 있는 모델을 제공해준다. 여기서는 남극에 서식하는 생물들이 어떻게 생존하는가에 대한 분자 수준의 연구에서 집단에 이르기까지의 연구에 대해 살펴보기로 한다.

2004년까지 남극에서 분리/동정된 세균의 종 다양성을 살펴보면 약 133종의 신종이 발견되었는데, 그 분리원도 해빙, 대양, 해양생물막, 크릴, 호수와 담수 등으로 매우 다양하다. 남극은 특히 살아 있는 상태로 분리/동정되지 못하는 세균의 종수가 많아서 과학자들은 바이오마커인 16SrRNA 유전자 서열을 분석해서 종 다양성을 규명하려 노력한다. 남극의 미생물은 추운 환경에 대항하여 세균 세포막의 구성성분을 주변의 온도에 따라 변화시키는 적응 전략을 구사한다. 너무 추운 환경으로 인해 세포막이 견고해져 파괴되고 깨지는 것을 막도록, 저온에서는 세포막을 구성하는 지질층의 구성성분을 변화시킴으로써 세포막의 유동성을 조절한다.[27] 지질의 머리 부분을 변형하거나, 세포막의 단백질 함량/성분을 변화시키거나, 구성 색소의 종류를 바꾸거나, 지질사슬의 길이를 바꾸거나, 지질분자를 증가시킴으로써 이를 구사한다. 추운 지역에서 살아남기 위해서는 불포화 지방산이 중요하므로 이를 증가시키는 방향으로 생존을 모색한다. 플랑크톤 · 돌말 · 균류 등의 미생물 역시 세균과 비슷한 방법으로, 세포 안과 주변의 다당류 · 지질 · 지방산 · 단백질 등의 합성, 변형을 통해 생존 전략을 모색한다. 이들은 남극에서 서식하는 어류와 함께 특히 자연적으로 만들어낸 결빙방지단백질을 갖고 있어 얼음 결정의 성장을 방해하고, 얼음과 얼음 사이의 결정에 세포가 눌려 파괴되는 것을 방지한다. 남극에 서식하는 어류는 미생물이 갖고 있는 결빙 방지 단백질을 갖고

---

27) Satyanarayana, T. & Johri, B. N.(2005), Microbial diversity: current perspectives and potential applications. IK International Pvt Ltd.

있다. 또 이와 동시에 혈중 산소를 운반하는 헤모글로빈은 아예 가지고 있지 않기도 한다. 이 때문에 피가 하얗게 보여 투명한 몸으로 보이기도 하며, 헤모글로빈 대신 합성하는 글리세린으로 인해 추운 환경에서도 피가 얼지 않는다.

최근 남극 문어 생존 기작에 관한 한 연구는 문어가 특정 유전자를 변화시키거나 하지 않는 대신 RNA 수준에서 아홉 군데를 편집함으로써 칼륨 채널의 아미노산 서열을 바꾼다는 것을 밝혔다.[28] 칼륨 채널은 신경세포막에서 세포막 안팎의 이온농도를 조절하여 단백질 채널의 개폐를 조절하는 중요한 이온인데, 온도가 낮아지면 칼륨 채널이 닫히는 속도가 늦어져 신경세포의 발화가 어려워지고 손상이 갈 수 있다. 남극을 대표하는 펭귄 또한 여러 방법으로 추운 환경에서의 생존 전략을 모색한다. 수백~수천 마리로 집단을 이루어 사는 황제펭귄은 추위로부터 살아남기 위해 "정체된 도로에서 서다 가다를 반복하는 자동차"와 같은 군집행동을 보인다. 이 군집 행동은 말 그대로 펭귄 군집 전체가 멈춰 있지 않고 물결치듯이 요동치는데, 이렇게 함으로써 바깥의 추운 바람에 의해 차가워진 몸을 안쪽으로 위치시켜 따뜻하게 할 수 있다(그림 3-1).[29] 즉, 추울 때는 한 곳에 빽빽하게 모여서 칼바람을 견디는 것이다. 남극에서 가장 기온이 급격하게 떨어지는 한겨울의 중심 7월에 펭귄이 먹고살 먹이가 부족해지면, 골격근의 미토콘드리아로부터 같은 양의 에너지를 생산하는 대신 산소와 영양분을 적게 소모하며, 방출하는 열 발생 효율을 극대화한다. 얼음이 직접

---

28) 동물들이 '칼추위' 견디는 비결: 남극 문어, RNA 편집으로 추위 적응해. The Science Times.

29) 뉴스 [사이언스] 남극 펭귄, 뭉치면 살고 흩어지면 얼어 죽는다. http://biz.chosun.com/site/data/html_dir/2014/01/15/2014011504397.html.

닿는 발바닥에는 "원더네트(wonder net)"라는 특수혈관계가 무수한 모세혈관 다발을 이루며, 심장으로부터 직접 오는 동맥혈은 아주 차가워지는 것을 막고, 발로부터 올라오는 정맥혈을 적당히 따뜻하게 함으로써 체온보다는 낮지만 발바닥 온도를 얼지 않을 만큼 유지한다.

그림 3-1. 남극 황제펭귄의 생존방식[출처: English Wikipedia(Wikimedia Commons), http://en.wikipedia.org/wiki/File:PENGUIN_LIFECYCLE_H.JPG]

남북극 생태계 및 먹이망 구조

남빙양은 남극의 해저대륙 주변부와 서남극반도 등과 같이 일부 따뜻하고 생산량이 높은 지역을 제외하고는 아주 많은 양의 해빙이 긴 시간에 걸쳐 형성되며 몇몇 지역은 연중 녹지 않는 해빙과 함께 혹독한 환경을 이룬다. 따라서 남극에서의 생물의 번성은 해빙과 밀접하게 연관되며 생물 활동이 활발한 몇몇 지역은 놀랍게도 지구상의 다른 해역에 비해 일차생산

Part 3. 극지생물 및 생태계

량이 높다. 또한 비교적 높은 종 다양성과 함께 안정적인 먹이망 구조를 통해 물질을 순환하고 에너지를 전달한다. 남극해 먹이망의 일차생산자를 식물플랑크톤으로 통칭하는데 이들은 주로 단세포조류로 구성되어 있고, 광합성을 통해 유기물 및 유기탄소를 합성하여 일차생산을 한다. 이 일차생산자를 주된 먹이로 하여 생식, 성장하는 다음 단계의 소비자는 새우와 유사한 갑각류인 크릴 또는 탈리강류가 대부분이다. 이차소비자는 이들을 먹이로 하여 번식하는 크기가 큰 포식자로서 고래 · 물개 · 펭귄 등으로 구성된다. 일사량 · 온도 · 광합성에 이용되는 용존 무기영양염의 분포 등 특정 물리적 환경에 도달했을 때 먹이망을 구성하고 있는 각 단계 생물 그룹의 크기와 상대적 개체 수가 결정되는데, 이를 특정 그룹 및 종의 대량번식 혹은 대번성이라고 하여, 수일에서 수주 간 개체 수가 급격히 늘어나는 현상이다. 이 대번성은 한 번의 이벤트에서 그치지 않고 다른 그룹의 대번성이 수반되는 형태로 계절적 변화 패턴을 보이게 된다.

남극 생태계의 대번성은 얼음과 아주 밀접한 관련이 있다. 이는 남극에서 서식하고 있는 대부분의 생물은 일생 중 전체 혹은 한 부분을 생식, 번식 등을 위해 해빙에 의존하기 때문이다. 겨울이 되면서 해빙이 형성되면 물 속에 떠다니던 단세포조류들이 얼음 속에 갇혀 자라게 된다. 해빙 속에서 생존, 성장하는 생물은 해빙 속의 낮은 일사량, 주변 환경보다도 훨씬 추운 온도, 그리고 해수보다 더 큰 계절적 염분 차이/변동 등 극한 환경 속에서 적응, 진화해온 종들이다. 해빙 안에 갇혀 살아남는 생물의 종류는 바이러스, 박테리아, 단세포조류 식물플랑크톤(얕은 바다의 경우 규조류가 대부분 우점), 원생생물(남극의 경우 섬모충과 유공충이 대부분), 후생동물(요각류, 나새류, 선충류, 편형동물, 빗해파리) 등으로 매우 다양하다. 이렇게 해빙 내부의 미소동물상을 이루며 살아가는 전략은 진화적으로 생존에 유리하게 작용하기도 하는데, 해빙 속에 사는 식물플랑크톤은 해빙 아래의 어두운 환경에서 자라는 종들보다 상대적으로 높은 일사량으로 광합성 효율을 높일 수 있으며, 동물군은 상위 포식자들로부터 포식을 피하는 동시에 해빙 속에서 자라나는 일차생산자인 식물플랑크톤을 섭식할 수 있다.[30] 또한 식물플랑크톤은 그들을 섭식하는 수중 포식자로부터 공간적 제약을 받음으로써 섭식을 피할 수도 있다. 아이러니하게도 혹독하게 추운 환경이 만들어낸 얼음은 어린 크릴이 겨울을 무사히 지내고 봄까지 생존할 수 있게 도와주고 식물플랑크톤이 다른 포식자에 의해 섭식되는 것으로부터 보호해주는 역할을 하는 것이다. 봄이 되어 기온이 상승하고 해빙이 녹게 됨에 따라 내부에 갇혀 있던 식물플랑크톤이 바다로 방출되고, 광합성에 적합한 조건 덕택으로 수중의 식물플랑크톤의 개체 수가 급격히 증가하여 식물플랑크톤 대번성을 일으킨다. 식물플랑크톤 대번성은 동시에 이들을 섭식하여 성장하는 크릴 또는 탈리강류의 개체 수도 연쇄적으로 증가하는 대번성을 야기한다. 특히, 남극의 경우 크릴이 미생물에서부터 최상위포식자까지 이르기에 가장 중요한 연결고리인데, 크릴이 펭귄의 주요 먹이이므로 크기가 큰 식물플랑크톤 대번성이 펭귄에게 더욱 풍부한 먹이를 제공한다는 것을 쉽게 알 수 있다. 예를 들어, 최근 연구에서는 서남극반도에서 지난 25년간 수집된 자료를 분석하여 높은 식물플랑크톤 개체 수를 나타내는 높은 엽록소 농도의 일차 생산량이 1년 뒤 크릴을 번성토록 하고, 풍부해진 먹이를 통해 아델리펭귄의 수렵을 돕는 점을 밝힌 바 있다.[31]

Part 3. 극지생물 및 생태계

30) Fristen et al.(2008). Inter-annual sea-ice dynamics and micro-algal biomass in winter pack ice of Marguerite Bay, Antarctica. Deep Sea Research Part II: Topical Studies in Oceanography, 55(18), 2059-2067.

31) Saba, G. K. et al.(2014). Winter and spring controls on the summer food web of the coastal West Antarctic Peninsula. Nature communications, 5.

한편, 종속영양박테리아는 식물플랑크톤이 합성해낸 일차생산, 즉 유기물을 무기물로 분해하여 해수에 다시 무기물을 공급하기도 하며, 용존 상태의 유기물을 상위 영양 단계의 생물들이 이용할 수 있도록 입자 상태의 유기물로 전환시키는 역할을 담당하는데 이를 미생물 순환고리에 의한 이차생산이라고 한다. 이차생산은 근본적으로 일차생산을 필요로 하기 때문에 둘의 상관관계를 쉽게 예측해 볼 수 있지만, 식물플랑크톤 대번성이 종속영양박테리아의 대번성과 늘 정비례 관계를 가지는 것은 아니다. 이것은 종속영양박테리아를 섭식함으로써 그 개체 수를 조절하는 종속영양성 미세편모류와 박테리아를 숙주로 하는 바이러스 때문이다. 남극의 먹이망은 일차생산자부터 이차소비자까지 그리고 미생물 순환고리를 통한 이차생산으로 크게 구성되지만, 보다 복잡한 먹이망을 통해 피식, 포식의 관계가 이루어진다. 남극 해역의 위치, 계절 등에 따라서 먹이망을 구성하는 군집의 종 다양성이나 상대적 크기, 구조가 달라지는데 이를 군집 구조변화라고 일컫는다. 서남극반도의 경우 지리적 위치에 따라 여름에 대번성을 일으키는 우점종에 차이가 있다. 해빙을 따라 일어나는 대번성은 규조류가 우점하거나 식물성편충류와 크립토파이트 두 종류의 혼합으로 구성되지만, 외양의 규조류 대번성으로는 크게 3가지 다른 형태가 나타난다.[32] 계절적 영향을 살펴보면, 서남극반도 먹이망에서는 여름철 대부분의 박테리아가 화학 종속영양, 광합성종속영양 및 호기성무산소성광합성을 주로 하는 그룹으로 구성되는 반면, 겨울철에는 화학무기영양을 주로 하는 그룹으로 바뀐다.[33] 남극 마거릿(Marguerite) 만의 경우는 여름철

32) Garibotti et al.(2005). Annual recurrent phytoplanktonic assemblages during summer in the seasonal ice zone west of the Antarctic Peninsula(Southern Ocean). Deep-Sea Research (52), 1823-1841.

33) Grzymski et al.(2012). A metagenomic assessment of winter and summer bacterioplankton from Antarctic Peninsula coastal surface waters. The ISME Journal (6). 1901-1915.

에 일어나는 대번성이 대부분 크기가 큰 규조류에 의해 우점되며, 겨울철에 생기는 대번성은 크기가 작은 플랑크톤으로 구성된다.[34]

이 같은 군집구조는 물리적 환경의 변화와 차이에 따라서도 영향을 받는다. 남극 로스 해의 경우 우점종은 물리적 환경 중 해수의 혼합층의 깊이와 연관이 있다고 보고되고 있다. 즉, 혼합층의 깊이가 얕을 때에는 상대적으로 광합성과 탄소고정 시 이산화탄소를 흡수하는 비율이 다른 종에 비해 적은 규조류가 우점하는 것으로 관측되었다. 지구온난화에 의해 얕아질 혼합층의 깊이를 고려하면, 로스 해의 이산화탄소 흡수 비율은 감소될 가능성이 있다.[35] 다른 주요 물리적 요소는 해빙인데, 향후 지구온난화 및 기후변화가 해빙 패턴에 영향을 미치는 것을 고려할 때, 남극 생태계의 군집구조변화가 야기될 수도 있을 것이다. 미국 팔머 기지 등에서는 지난 20년간 이처럼 기후-해빙-생태계의 연관성을 동시에 살펴보는 연구들이 진행되어왔다. 극지연구소는 저차영양단계에서 상위영양단계에 이르는 먹이망 구조 분석 연구를 위해 소비자 동물군의 안정동위원소와 지방산 바이오 마커를 이용한 추적 연구 등을 수행해오고 있다.[36]

북극 역시 일차생산자로부터 상위포식자로 연결되기까지 남극 먹이망의 구조와 비슷한 구조로 형성되는데, 서식하는 상위 포식자의 종이 다르다. 북극 먹이망의 구조를 살펴보면 물질 순환과 에너지 전달이 플랑크톤,

34) Clarke et al.(2008). Seasonal and interannual variability in temperature, chlorophyll and macro-nutrients in northern Marguerite Bay, Antarctica. Deep-Sea Research II. 65 (18-19), 1988-2006.

35) Arrigo et al.(1999). Phytoplankton community structure and the drawdown of nutrients and CO2 in the Southern Ocean. Science (283), 365.

36) 한국극지연구진흥회 블로그. http://www.kosap.or.kr/reant5

물고기, 새, 물개, 바다코끼리 및 고래로부터 최상위포식자인 북극곰까지 연결된다. 다른 점이라면 북극곰은 지구상에서 가장 크기가 큰 육식 포식자로서 북극에서만 발견되며, 남극의 펭귄이 지구온난화에 의해 영향을 받아온 것처럼 가장 큰 타격을 받는 생물군 중 하나이다(그림 3-2). 수온의 증가로 녹아내리는 해빙은 북극곰이 물개를 사냥할 수 있는 주요 지대여서, 해빙의 감소가 북극곰의 포식과 생존에 직접적인 영향을 미치기 때문이다. 한 연구는 북극곰이 향후 2100년까지 그들의 여름 해빙 서식지의 68%를 잃어 개체 수가 감소할 것이라고 예측하고 있다.[37]

그림 3-2. 지구온난화에 따라 생존의 위협을 받고 있는 북극곰

　　　(출처: 아우구스딩님의 블로그,

　　　http://blog.daum.net/_blog/BlogTypeView.do?blogid=0KIWj&articleno=4016191)

37) Hoegh-Guldberg, O. & Bruno, J. F.(2010). The impact of climate change on the world's marine ecosystems. Science, 328(5985), 1523-1528.

북극의 경우, 대부분의 해빙이 북극해 전체의 절반 정도를 차지하는 얕은 대륙붕에 형성되는데 이때 일차생산자인 식물플랑크톤의 성장에 필요한 철 이온이 얼음 사이의 공간에 같이 갇히게 된다. 해빙이 녹으면서 철 이온이 물로 방출되어 식물플랑크톤이 성장할 수 있게 되고, 해빙이 없는 베링 해의 깊은 남서지역을 제외하면 북극해에서는 남빙양과 상반되게 철 이온이 부족해서 식물플랑크톤 대번성이 더디게 일어나는 일이 거의 없다. 지역에 따라 수중 서식하는 플랑크톤과 해저 부근에 서식하는 저서 생물군 간의 상대적 비율이나 상호작용의 중요성에서 차이가 나타난다. 예를 들어, 베링 해협의 경우 상대적으로 수심이 얕기 때문에 식물플랑크톤 대번성이 일어난 후 죽은 플랑크톤의 대부분이 해저에 가라앉아 저서생물군에 의해 섭식되므로 이 두 생물군 간의 상호작용이 중요한 편이고, 따라서 베링 해에서의 물개, 바다코끼리, 고래와 같은 상위포식자는 저서생물에 포식을 의존하는 편이다. 그러나 반대로 배런트 해의 경우 수심이 깊으므로 대번성 후 죽은 플랑크톤이 가라앉지 못하고 수중에 부유하게 되어 이를 포식하는 요각류 중심의 동물플랑크톤의 양이 이례적으로 많은 편이며, 따라서 이를 먹이로 하는 빙어와 청어 같은 작은 어류와 이들의 포식자인 대서양 대구가 많은 편이다.[38]

기후변화와 남북극 생태계

남북극에서 해빙이 중간매개체로서 먹이망의 구조 및 생물 번성에 중요

---

38) Smetacek V.,& Nicol S.(2005). Polar ocean ecosystems in a changing world. Nature, 437(7057), 362-368.

한 요소였던 것처럼, 이 지역에서의 향후 기후변화에 대한 생태계의 반응 역시 해빙, 빙하 등의 얼음과 밀접하게 연관되어 있다. 해빙 이외에도 여러 물리적 기후, 해류 패턴과 관련 환경이 기후변화에 의해 변화함으로써 해양 생태계에 영향을 미칠 수 있지만 여기서는 해빙에 의한 영향을 주로 살펴보기로 한다. 기후변화에 대한 반응을 크게 두 가지로 나누어 보면 광합성, 호흡, 일차생산 등과 같은 생태학적 반응의 변화와 주어진 특정 물리적 환경에서 선택적으로 생존할 수 있는 지표종의 감소·멸종으로 생각해 볼 수 있다. 오랜 기간에 걸쳐 형성되어 오던 빙하 및 육지 얼음이 지구온난화에 의해 대폭 녹아 주변 해역으로 방출될 수 있고, 해빙의 발달시기가 늦어지고 후퇴시기가 빨라지며, 해빙량 및 유지기간이 줄어들게 되면 이듬해 여름에 녹아 해수로 방출되는 해빙양이 감소함과 동시에 더 이른 시기에 해수가 성층화를 경험하게 된다. 밀도·염분·수온 등과 같은 해수의 물리적 특성이 변함에 따라 우점하는 식물플랑크톤과 이를 포식하는 상위포식자의 종이 달라져 전체 생물 군집 구조에 변화가 올 수 있으며, 결과적으로 생태학적 반응도 증가 또는 감소로 변할 수 있다. 남극 로스 해의 대번성 경우에도 앞에서 언급했던 것처럼 지역에 따라 우점하는 종이 다른데, 주로 혼합층의 깊이에 따른 차이가 뚜렷하다.

남극 로스 해에서 수행된 연구에 따르면, 성층화된 해역에서는 규조류가 식물플랑크톤의 대부분을 차지하는 반면 성층화의 정도가 적고 수직적으로 깊이 혼합된 해역은 다른 종[예를 들면, 편모미세조류 중 하나인 파에오시스티스 안타르티카(Phaeocystis antarctica)]이 우점하는 것으로 관측되었다. 이렇게 서로 다른 두 종의 생태학적 반응도 뚜렷한 차이를 보여서, 광합성에 의한 탄소고정 시 같은 양의 영양염을 이용하더라도 흡수하는 이산화탄소의 양이 규조류의 경우 적게 된다. 따라서 향후 지구온난화에 의

해 로스 해로 녹아 흘러들어 가는 빙하의 양이 대폭 증가하여 성층화가 강화된다면, 규조류가 우점할 기회가 더 많아진다고 예측할 수 있을 것이다. 그 결과, 상대적으로 낮은 이산화탄소 포집률로 인해 대기 중의 이산화탄소를 효과적으로 흡수하지 못하게 되어 지구 온난화를 더 가속화할 수 있음을 암시한다.[39]

그러나 같은 극지 해양의 경우라도 기후변화에 대한 생태학적 반응의 변화가 모두 같은 방향으로만 일어나는 것은 아니고, 지역에 따라 보다 복잡하게 예측되고 있다. 북극해의 경우 1998년 이래 지난 15년간 기후변화와 결과적으로 꾸준히 감소해온 대륙붕의 해빙양에 의해 표층의 식물플랑크톤이 흡수할 수 있는 일사량이 증가하기 때문에 순일차생산량은 증가해왔다. 반면, 남빙양의 경우에는 뚜렷한 변화 경향성이 아직까지 보이지 않고 지역적으로 반응이 제각각이다.[40]

남빙양의 경우 크게 원양과 대륙붕으로 나눠 보면, 순일차생산량이 원양에서는 식물플랑크톤의 광합성에 필요한 철 이온의 이용가능성에 좌우되는 반면, 대륙붕에서는 이미 철이온이 풍부하므로 해빙양에 의해 더 큰 영향을 받는다. 남반구 극진동 모드의 위상에 따라 해역별로 해빙양이 다르게 결정되는데, 예를 들어 양의 위상일 때는 로스 해의 원양에 해빙양이 증가하며 아문센 해의 경우 해빙이 감소하고, 로스 해 대륙붕에서도 역시 감소한다. 향후 지구온난화가 남반구 극진동에서 양의 위상을 더 많이 가

39) Arrigo et al.(1999). Phytoplankton community structure and the drawdown of nutrients and CO2 in the Southern Ocean. Science(283), 365.

40) Arrigo. Productivity in a changing Southern Ocean. http://www.whoi.edu/fileserver. do?id=160424&pt=2&p=167269

Part 3. 극지생물 및 생태계

지게 될 것으로 예측하고 있어서, 아문센 해와 로스 해 대륙붕에서는 해빙양이 더 감소하고 로스 해의 원양에서는 오히려 더욱 증가할 것으로 전망된다. 또한, 로스 해의 경우 해빙양의 증감 패턴이 원양과 대륙붕에서 반대로 나타남과 동시에 철 이온의 농도 제한에 의한 플랑크톤 성장 억제 효과도 있으므로, 오로지 해빙양의 증감을 통한 순일차생산량의 변화를 예측하는 데는 무리가 따른다. 더욱이 원양에서의 일차순생산량 연간 변동은 대륙붕 근처의 일차순생산량의 연간 변동에 비해 매우 작아서, 향후 기후변화와 관련된 남빙양 전체의 일차순생산량의 변화를 예측하는 것은 매우 어렵다고 할 수 있다.

기후변화는 또한 생태학적 반응 이외에도 특정 생물 그룹과 지표종 등의 변화를 초래할 수 있다. 지난 30년간 서남극반도에서는 대번성의 크기와 강도가 약 12% 정도 감소했다. 주로 크기가 큰 식물플랑크톤이 번성에서 우점해왔는데 점차 크기가 작은 식물플랑크톤으로 우점종이 바뀌는 등 종 구조에도 변화가 생겼다. 이렇게 대번성을 일으키는 식물플랑크톤의 생물량과 크기의 변화는 이들의 포식자 구집에도 직접적인 영향을 주게 되었고, 특히 주로 큰 식물플랑크톤의 의존하는 남극 크릴(Euphausiasuperba)이 가장 큰 피해를 입었다. 반대로, 작은 식물플랑크톤을 먹이로 하는 탈리강류(Salpathomsoni)와 같은 외피동물군은 이를 기회로 남극 크릴을 대체해 오면서, 동시에 이들이 남극 크릴의 유생을 잡아 먹기까지 하여 남극 크릴의 개체 수는 크게 감소하고 있는 상태이다. 또한, 남극 크릴의 산란도 해빙에 전적으로 달려 있는데, 해빙의 감소에 따라서도 남극 크릴의 개체 수 감소가 가속화되고 있다. 남극 크릴은 그동안 남극 생태계에서 하위 피식자와 물고기, 물개, 고래, 펭귄 등과 같은 상위 포식자를 연결시켜 주는 아주 중요한 중간 매개체로서의 역할을 해왔기에, 크릴 개체 수의 감소는 이들 상위포식자의 생존으로 직접적으로 연결된다는 점을 감안하면 피해와 변화가 향후 더욱 확장될 수 있다. 예를 들어, 서남극반도의 북쪽 지역에서 생존과 성장을 해빙에 의존하는 아델리펭귄(Pygoscelisadeliae)의 개체 수는 지난 30년간 90% 감소했고, 반면 일생을 해빙에 의존하지 않는 턱끈펭귄(Pygoscelisantarctica)과 젠투펭귄(Pygoscelispapua)이 아델리펭귄을 대체해 오고 있다.[41](그림 3-3)

그림 3-3. 겹쳐 둥지를 틀고 있는 젠투펭귄과 턱끈펭귄(출처: 한국극지연구진흥회 블로그, 남극 때 묻지 않은 생태계의 천국, http://www.kosap.or.kr/?mid=blog&document_srl=6733&listStyle=viewer&ckattempt=1)

Part 3. 극지생물 및 생태계

41) Schofield, O., Ducklow, H. W., Martinson, D. G., Meredith, M. P., Moline, M. A., & Fraser, W. R. (2010). How do polar marine ecosystems respond to rapid climate change?. Science, 328(5985), 1520-1523.

미국 우즈홀해양연구소(Woods Hole Oceanographic Institution, WHOI) 연구팀은 남극의 또 다른 중요한 펭귄 종에 속하는 황제펭귄이 기후변화로 2100년까지 그 개체 수의 약 20%가 감소할 것이라는 전망을 내놓았다. 예측은 2048년까지 최대 10% 감소에 해당하고, 이 결과는 황제펭귄의 개체 수가 향후 해빙양의 감소에 따라 어떻게 감소할지를 보여주고 있다. 현재 황제펭귄의 군집은 45개가 있는데, 이 중 2100년까지 최소 30개 군집은 개체 수가 지금의 절반 이하로 떨어질 것으로 전망하고 있다.[42]

한편, 그 생태계의 환경을 대표하는 특정종의 멸종이나 반응에 의해서도 생태변화를 평가할 수 있는데, 이에 대표되는 종을 지표종이라고 한다. 남극대륙 주변 해빙지역에 서식하는 조개와 성게 같은 해양무척추동물들은 지구 전체의 환경변화에 민감하게 반응하는 지표종(指標種)으로서도 그 가치가 높게 평가되고 있다.[43] 세종과학기지가 위치해 있는 킹조지 섬은 온난화가 빠르게 진행되고 있는 곳들 중 하나로, 인근 마리안 소만의 조수빙하가 급속도로 후퇴함에 따라 여름철마다 혼탁한 융빙수가 유입되고, 유빙이나 좌초되는 빙하로 인한 물리적 충격으로 해양 환경과 서식생물, 특히 이동성이 없는 천해 지역의 저서생물 군집의 생존과 생물다양성을 크게 위협하고 있다. 남극의 해양 저서무척추동물은 고유종(endemic species)의 비율이 높을 뿐만 아니라, 열대산호초 다음으로 높은 종 다양성을 보이면서 전 세계 생물다양성에 상당부분 기여하는 것으로 보고된 바 있다. 특히 남극 연안 해역에 생물량과 종 다양성이 높은 것으로 알려져 있어, 이

---

42) Jenouvrier, S., Holland, M., Stroeve, J., Serreze, M., Barbraud, C., Weimerskirch, H. & Caswell, H.(2014). Projected continent-wide declines of the emperor penguin under climate change. Nature Climate Change.

43) 한국극지연구진흥회 블로그. http://www.kosap.or.kr/reant4.

들에 대한 영향은 먹이망 변화 등 남극 해양생태계 전반에 큰 파급효과를 불러올 수 있다.

극지생물자원

극한환경 속에서 살아남기 위해 분자적으로 적응한 기작은 이들을 어떻게 생물자원으로서 활용할 수 있을지에 대한 실마리를 제공하고 있다. 특히, 결빙방지단백질의 경우는 의학계의 기술로 활용될 수 있는데, 주로 급한 수술이나 의료 절차에 의해 인체 장기, 줄기세포, 혈액, 제대혈, 골수 등을 오랫동안 냉동보존하는 데 결정적인 힌트를 줄 수 있다. 기존에 쓰이고 있는 항응고제를 넣은 뒤 냉장보관할 경우 35일 정도 상하지 않고 보관할 수 있지만, 남극 생물이 만들어내는 결빙방지단백질을 넣게 되면 유통기한을 훨씬 더 연장할 수 있을 것으로 보인다. 마찬가지로 유통업계에서도 유제품을 더 낮은 온도에서 얼지 않은 상태로 숙성시킬 수 있어 제품 생산 기간을 단축시킬 수 있을 것이다. 또한, 의학계에서는 결빙방지물질로 암세포를 파괴하는 냉동수술로도 활용하기 위한 노력을 진행 중이라고 한다. 온도를 섭씨 0도 이하로 낮추고 올리기를 여러 번 반복하는 과정에서 암세포가 깨끗이 파괴된 경우가 실험쥐에서 관찰되기도 하였다. 이는 결빙방지단백질이 낮은 온도에서는 얼음결정의 성장을 방해하지만 높은 온도에서는 오히려 얼음을 한 방향으로만 성장시켜 암세포를 파괴하기 때문이라고 한다.

또한 저온, 건조, 강한 자외선으로 인하여 일반적인 생물이 서식하기 힘든 독특한 환경을 가진 극지의 빙하에는 수십만 년간 보존된 미생물이 존재하며 영구동토에는 다양한 미생물이 높은 활성을 가지고 생존하고 있다.[44] 극지생물은 혹독한 환경에 적응하기 위한 독특한 생리기작을 가지고 있으며, 극지의 저온적응 생물은 저온 환경적응 연구 이외에 유전자와 대사산물을 산업적으로 이용하기 위해서도 매우 중요한 연구대상이라고 한다. 여러 배양법을 통해 극지생물 및 유전자원을 확보하고 다양한 장기 보존법을 이용하여 자원을 보존하는 것은 국가적으로 중요한 일이라 할 수 있다. 극지연구소에서는 각 생물의 서식 환경, 지리정보, 생리학적 특성 및 분류정보를 포함한 데이터베이스를 구축하여 국내외 학계와 산업계에 극지고유 유전자원을 공급하려고 노력 중이다.

극지생물을 채집하여 극지 바깥 실험실 내에서 재현 배양으로 극지유용 생물자원을 확보하고, 극지생물종 다양성 보존, 환경변화와 같은 기초연구도 수행할 수 있다. 저온효소 생산을 위한 극지 박테리아의 성장률이 낮은데, 이런 한계를 극복하기 위해, 저온효소 유전자를 분리하여 일반 산업용 박테리아에 발현시키는 연구가 진행 중이다.[45] 극지생물의 유전자 연구를 통해 극지생물들의 저온적응, 수분스트레스 극복과 바이오리듬 조절 같은 고유 생명현상에 대한 연구도 진행한다. 극지 박테리아의 유전체 분석과 다양한 극지시료의 환경유전체 분석을 통해, 혹독한 극지환경에 적응하기 위한 극지생물의 생명현상을 이해하고, 학문적 가치나 활용 가능성이 높은 유전자원을 선별하며, 활용방안을 개발하는 데 도움을 얻게 될 것으로 기대된다.

---

44) 극지연구소홈페이지. http://www.kopri.re.kr.

45) 한국극지연구진흥회 블로그. http://www.kosap.or.kr/reant4.

극저온, 건조, 자외선 노출과 같은 극한의 자연환경에 적응하여 살고 있는 극지생물체는 자신만의 독특한 대사방법을 발전시키며 진화해왔는데, 이들 생물체에서 확보한 대사물질(metabolite)은 현재까지 보고된 천연화합물 (natural compound)보다 뛰어나거나 새로운 생리활성 효과가 있다고 한다. 극한의 환경에서 생물체가 성장하고 증식하기 위해서 물질대사 관련 효소 (catabolic enzyme)의 구조 안정성이 높고 저온에서도 활성이 높아 아직까지 알려지지 않은 새로운 화학반응을 촉매할 수 있기 때문에 그 잠재력도 크다고 한다.[46] 따라서 극한지역 생물체 배양 기술과 유용 생물소재를 다루는 기술을 계속해서 개발하고 있으며, 극지의 이끼류, 지의류, 현화식물에서 기존에 보고된 천연생리활성물질보다 뛰어난 천연물도 지속적으로 탐색하고 있다.[47] 또, 극지 미생물 중 활성이 뛰어나며 극심한 산업공정 조건에서도 구조와 활성을 유지할 수 있는 내성을 갖춘 효소를 발굴하여 산업공정용 효소로 개발하는 연구도 진행 중이다.

지금도 극지역의 빙하는 계속 녹아내리며 이와 함께 수많은 미지의 생물들이 세상에 알려지기도 전에 사라지고 있는 셈이다.[48] 이런 극지생물들이 사라지기 전에 극지생물을 보전하고 유용한 물질을 찾기 위한 연구를 활발히 진행하는 것은 중요하다고 할 수 있을 것이다. 환경에 미치는 영향을 최소화하기 위해 꼭 필요한 채집만을 실시하고, 배양이 안 되는 미생물을 배양하기 위한 새로운 배양기술 개발 노력도 병행되어야 할 것이다. 추위에 견디는 능력뿐 아니라 건조한 환경에서 수분을 잃지 않는 능력, 급격

46) 극지연구소홈페이지. http://www.kopri.re.kr.
47) 극지연구소홈페이지. http://www.kopri.re.kr.
48) 한국극지연구진흥회 블로그. http://www.kosap.or.kr/reant4.

히 늘어난 자외선에 대한 보호책을 가지고 있는 극지생물로부터 기능성 화장품에 필요한 성분을 연구한다거나 저온효소 생산 박테리아를 극지에서 수백 균주씩 확보하여 분해효소 분리 연구를 실시하는 등 활발한 극지 생물자원 연구가 이루어지고 있다.[49]

극지, 과학으로 다가서다

---

49) 한국극지연구진흥회 블로그. http://www.kosap.or.kr/reant4.

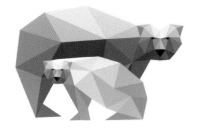

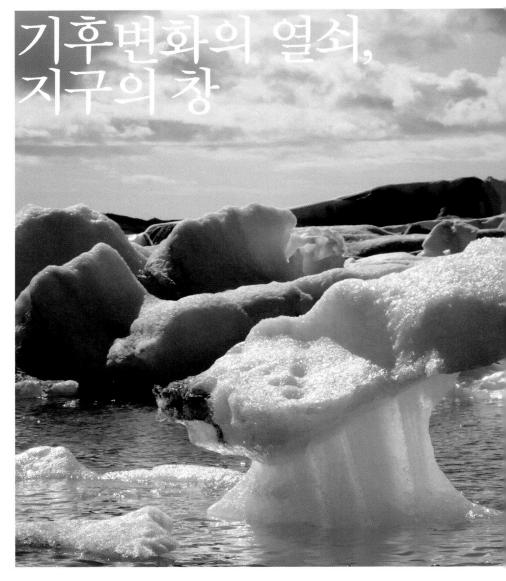

Part **4**

기후변화의 열쇠,
지구의 창

기후변화와 극지의 빙하
극지역의 고기후
지질학 및 생태학

PART 4. 기후변화의 열쇠, 지구의 창

오늘날 기후변화는 빈곤, 식량, 에너지 등과 함께 심각한 문제가 되었지만 한편으로 그동안 '금세기 말이 되면' 어떻게 된다는 식의 예측이 오히려 '오늘'의 문제가 아닌 것처럼 한가하게만 들려온 것도 부정할 수 없는 사실이다. 그러나 이제는 유럽뿐만 아니라 미국도 기후변화를 안보 문제로 보기 시작했다. 존 케리(John Kerry) 미 국무장관이 뉴욕타임스와의 인터뷰를 통해 '기후변화가 가장 무서운 대량살상무기'라고 언급하는가 하면, 버락 오바마 미 대통령도 최근 자신의 임기 후반 역점 과제로 기후변화 문제를 지목하고 있을 정도이다. 기후변화 문제는 더 이상 늦출 수가 없는 '오늘'을 사는 우리가 직면한 문제이고, 극지는 이러한 기후변화의 효과를 가장 여실히 볼 수 있는 곳으로 그 해결책을 모색하기 위해서도 반드시 연구가 이루어져야 할 대상일 것이다.

극지역은 잘 알려진 것처럼 인간 활동의 영향이 비교적 적어 자연적인 기후변동을 파악하는 데 적합하고, 빙하가 녹아내리는 등 전 지구적 기후변화에 민감하게 반응하는 곳이며, 전 지구적 해수 순환의 발원지가 되기도 한다. PART 2에서는 극지역의 물리적 환경과 기후변화로 겪고 있는 변화를 살펴보았고, PART 3에서는 다양한 극지생물들의 극한환경 적응과 극지생태계에 대해 알아보았다면, 여기서는 "지구의 창"이라 불리는 극지역에 대한 연구가 어떻게 기후변화 문제를 푸는 열쇠가 될 수 있을지에 대해 생각해보기로 한다.

기후변화와 극지의 빙하

흔히 '기상'과 대비하여 사용하는 '기후'란 용어 자체는 오랜 기간 지속적으로 나타나는 평균 특성을 의미하기 때문에 '기후'가 변화한다는 말 자체가 어불성설이라고도 할 수 있다. 그러나 몇 십 년 이상 지속적으로 나타나던 '기후적' 특성이 최근 크게 달라지는 등의 '변화'를 경험하게 되면서 '기후변화'라는 용어가 사용되기 시작했다. 그런데 실제로는 지구시스템의 자연적인 변동이 늘 존재해왔기 때문에 기후가 특정 원인에 의해 변화를 겪었다가 다시 회복되는 일은 자연적으로 생기는데, 이는 '기후변동'이라는 용어를 사용하여 '기후변화'와 구별하기도 한다. 해양과 대기를 포함한 전체 지구시스템의 내부적인 과정과 외부강제력 모두에 의해 기후변동/기후변화가 나타날 수 있고, 특히 외부강제력에는 자연적인 변동뿐만 아니라 온실가스 배출과 같은 인류의 활동도 포함되기 때문에, 극지를 포함한 지구시스템의 내부적인 과정들을 이해하는 일은 인위적인 외부강제력에 따른 기후변화 효과를 알아내기 위해서도 선행되어야 할 중요한 과제인 셈이다.

푸른행성지구 시리즈의 전편에서도 언급한 것처럼 지구온난화는 단순히 기온만 상승시키는 것이 아니라 바다의 수온도 상승시키고, 빙하도 녹이고, 해수면을 상승시키는가 하면, 강수 유형을 변화시키며, 해류의 순환에까지 영향을 미쳐 해류를 통한 열 수송에도 변화를 초래하는 등 매우 광범위하고 방대한 문제들을 야기한다. 더구나 해양산성화(Ocean Acidification) 및 해양빈산소화(Ocean De-oxygenation) 등 기후변화가 야기하는 전 지구적 생태 환경 변화는 거대한 플라스틱 쓰레기 더미, 동일본 지진으로 인한 후쿠시마 원전 사고의 방사능 유출, 맥시코 만의 기름 유출과 같은 자연재해로 인한 지구환경의 심각한 오염과 함께 해양생태계를 빠르게 붕괴시키고 있는 상태라서 기후변화/기후변동에 관련된 지구시스템의 내부과정들을 이해하는 일은 오늘날 무엇보다도 시급한 과제가 되었다.

기후변화로 효과로 인해 '기상 관측 이래 최고' 등의 수식어가 종종 붙을 정도의 근본적 변화가 이미 발생한 것은 사실로 보이지만, 규칙적 혹은 때때로 불규칙적인 자연 변동은 여전히 존재하고 있다. 이러한 자연의 리듬은 앞에서 살펴본 북극진동, 남반구 극진동, 태평양 10년 변동, 엘니뇨와 남방진동 등 서로 다른 이름으로 불리는 여러 종류의 모드들로 알려져 있으며, 극지를 비롯한 전 세계적인 바다와 대기의 변화, 즉 기후변동을 좌우하거나 또 그에 좌우되는 것으로 알려져 있다. 전 지구적 기후변동 구조는 아직 잘 밝혀졌다고 볼 수 없으며, 여전히 많은 연구를 필요로 하고 있다. 특히 극지는 태양에너지의 반사율이 높은 눈과 얼음으로 덮여 있고 그 녹는 정도에 따라 태양에너지 양이 급격히 증감하며 온난화에 대한 민감도가 높기 때문에 전 지구적 기후변동을 이해하는 데 매우 중요하다. 전 지구적인 열염순환 컨베이어 벨트의 심층 해수가 그린란드 해역이나 웨델 해와 같은 극지역에서 형성되어 거대한 열을 수송하며 기후에 지배적인 영향을 미치게 되는 점이라든가, 지구상에서 가장 중요한 열 흡수 지역이 남극이라는 점 등은 극지연구의 중요성을 잘 보여준다. 특히 PART 2에서 소개한 것처럼 극지에 존재하는 빙하가 온난화에 의해 소멸되면서 다시 온난화를 가속화하는 해빙 피드백은 가장 강력한 기후 피드백의 하나로서 지속적인 모니터링이 필요하다. 또, 극지역의 강한 대기 소용돌이는 상층 대기를 고립시키고 매우 차고 안정된 기단을 형성하여 프레온가스와 같은 인위적 화합물이 성층권 오존을 파괴할 수 있도록 만든다. 실제로 남극의 급격한 오존 감소는, 인간 활동의 영향이 비교적 적을 것으로 생각되는 남극마저도 얼마나 심하게 인간 활동의 영향을 받는지를 보여주는 대표적인 예로 꼽는다.

극지역에서는 태양에너지의 입사각도가 매우 낮아 단파에너지가 $100W/m^2$ 이하로 지구 평균에 비해 매우 작고, 결과적으로 매우 낮은 극한의 기온이 나타난다. 앞에서도 소개한 바와 같이 남극에서는 겨울철 평균기온이 남극대륙 해안에서 섭씨 영하 20~30도, 내륙에서는 섭씨 영하 40~70도에 달하는 극한 환경을 보이는데, 이것은 비슷한 태양에너지를 받고 있는 북극에 비해서도 월등히 낮은 것이다. 북극에서는 그린란드와 시베리아 지역을 제외한 대부분의 지역에서 여름철에는 섭씨 0도에 가까운 기온이 나타난다. 이 같은 남극과 북극의 뚜렷한 기온 차는 해양의 열수송과도 관련되어 있는데, 북반구에서는 난류가 북극 근처까지 도달하는 등 대기와 해양을 통해 저위도에서 고위도로 큰 열수송이 발생하는 반면, 남반구에서는 남극순환류로 인해 난류가 남극 주변까지 도달하지 못하고, 제한되기 때문이다. 해양의 열수송을 좌우하는 열염순환 컨베이어 벨트는 극지역의 심층수 형성과 연결되는데, 북극 주변에서는 냉각에 의한 해수 밀도의 증가가 심층의 수괴 형성에 중요한 역할을 한다면 남극 주변에서는 해빙 생성에 따른 염분의 증가가 중요한 역할을 하게 된다.

기후변화로 나타나고 있는 지구온난화, 해수면 상승, 해양의 열염순환 변화는 모두 극지역의 해빙과 밀접한 관련이 있다. 극지역은 온난화에 민감하게 반응하고 있는데, 태양에너지의 반사율이 큰 눈과 빙하가 온난화로 녹으면서 태양에너지를 더 많이 흡수하여 온난화가 가속화되는 해빙 피드백이 일어나기 때문이다. 최근 유례없는 속도로 빠르게 감소하고 있는 북극 해빙의 감소는 온난화를 가속화하며 동시에 전 지구적 해수면 상승도 동반하고 있으며, 극지역에서 표층 냉각으로 해수 밀도를 충분히 증가시키지 못하거나 해빙 생성으로 염분을 충분히 증가시키지 못하면 심층의 수괴 형성에도 변화를 가져와 결과적으로 열염순환과 열교환을 교란시킨다. 극지역에서는 따뜻한 해류가 빙하의 아래부터 녹여가면서 거대한 빙붕이 무너져 내리기도 하고,[50] 대륙빙하가 녹으면서 다량으로 방출되고 있는 메탄가스는 다시 온난화를 가속시킬 수 있는 또 하나의 피드백으로 작용할 우려도 제기되고 있다. 지구의 기후를 안정적으로 조절하는 극지역에서 최근 빙하를 통해 나타나는 이 같은 변화를 이해하는 일은 전 지구적 해양과 대기의 순환을 포함하는 지구시스템의 자연적인 변동과 그 변동을 푸는 기후변화의 열쇠인 셈이다.

최근에는 남극 서부 빙하가 이미 돌이킬 수 없는 수준으로 녹기 시작했음을 보여주는 연구결과들이 잇따라 발표되었다.[51] 미 항공우주국(NASA) 제트추진연구소(JPL) 소속 연구원들을 비롯한 과학자들은 가장 취약한 남극 서부 빙하를 지상, 항공, 위성에서 40년 동안 관측한 결과 이들이 예상했던 것보다 더 빠르게 녹고 있으며, 이 현상이 도미노처럼 확산되어 주요 한계점을 넘어가고 있다고 밝혔다. 미 워싱턴 대학교(University of Washington, UW)의 빙하학자인 이안 주그힌 교수도 이 현상의 초기 단계를 목격하고 있다고 밝혔으며, 그는 특히 남극 서부 아문센 해 빙하가 다 녹으면 해수면이 단지 1.2m 더 상승할 것이라고 전망하였지만, 이 현상으로 인해 주변 빙상의 융해가 유발되면 해수면이 3.6m나 더 높아질 것으로 전망했다.

극지, 과학으로 다가서다

50) 하호경, 김백민, 『2014: 극지 과학자가 들려주는 기후변화 이야기』, 지식노마드, 189.

51) "남극 빙하, 돌이킬 수 없는 속도로 녹아", 2014년 5월 13일자 YTN 사이언스 투데이
http://ytnscience.net/program/many_vod_view.php?s_mcd=0082&s_hcd=&key=201405131102528885
"NASA, '남극 빙상융해 한계점 초과' … 해수면 상승 불가피", 2014년 5월 13일자 교도통신사.
http://www.47news.jp/korean/environment/2014/05/089468.html.

미 항공우주국의 빙하학자인 에릭 리그노 캘리포니아 대학교 어바인 캠퍼스(University of California at Irvine, UCI) 교수도 이 현상은 '멈출 수 없는 연쇄 반응'으로, 빙하가 녹는 것을 막아주는 경계선으로 간주되어온 기선이 사실상 무너졌다고 보고 있다. 미 항공우주국 연구팀은 유엔 정부간기후변화위원회(Intergovernmental Panel for Climate Change, IPCC)의 지난해(2013년) 보고서에서 전 지구 해수면 상승을 금세기 말에 최대 82cm로 전망했으나, 이 연구로 인해 상향수정이 필요할 것으로 보고 있다. 기후변화 문제를 임기 후반 최대 과제로 제시한 버락 오바마 미국 대통령의 정책도 탄력을 받을 가능성이 커졌다고 볼 수 있겠다.

그러나 단순하지 않은 남극의 환경은 그 주변 해빙에 실제로 많은 요소들이 관여하도록 만들기 때문에 종종 예측하지 못한 해빙의 형성으로 극지 과학자들을 곤경에 빠뜨리기도 한다. 작년(2013년) 12월 하순, 러시아 연구선 아카데믹 쇼칼스키(Akademik Shokalskiy)가 두꺼운 남극 해빙에 갇혀 고립되는 사건이 발생했다. 결국 여러 연구선들과 쇄빙선들의 도움으로 52명의 승선자들이 구조될 수 있었지만 이 사건 직후 구조선 중 하나가 다시 같은 해빙에 고립되는 일이 벌어지기도 했었다. 당시 왜 그처럼 많은 해빙이 존재하고 그토록 두꺼워졌는지에 대한 해석은 여전히 과학자들의 논쟁거리로 남아 있다.

그중에 하나는 남극 주변의 대기 소용돌이의 강약을 표현하는 남반구 극진동 지수가 최근 수십 년간 점점 양의 위상으로 변화가 일어났는데, 편서풍과 남극 소용돌이가 강화되면서 더 강력한 바람이 남극대륙을 강타

하고 해빙에 몰아쳤다는 해석이다.[52] 특히 연안을 따라 바다에 떠다니는 부빙(ice floe)들이 서로 부딪히면서 수렴도 하고 쌓이기도 하는데, 이 과정에서 압력을 받아 새로운 능선이 만들어지기도 하며 두꺼운 해빙을 형성하기도 한다(그림 4-1). 지난 2010년에도 거대한 빙산(iceberg) 하나가 해빙과 충돌하면서 해안을 따라 서쪽으로의 표류를 방지해주던 해빙들이 더 이상 그 기능을 담당하기 어렵게 되는 경우들을 볼 수 있었다고 한다. 실제로 일시적으로 고립되었던 구조선들 중 하나는 빙산에 의해 외해로 나오는 길목이 막혔기 때문이었다. 전혀 동떨어진 것으로 생각할 수도 있는 북대서양의 온난화가 극진동에 영향을 미치고 결국 남극 주변의 편서풍 강화에까지 영향을 미칠 수 있다는 주장도 있다. 특히 과학자들은 남극대륙 주변 해빙 변화의 지역적 편차를 이 편서풍 변화로 해석하고 있다. 그리고 또 다른 가능성으로 남극 주변 기온과 수온의 증가를 꼽기도 한다. 남극 주변 바다에서 심층의 수온이 상승하면서 더 많은 빙붕(ice shelf)을 녹이고, 이때 형성되는 해표면의 차가운 해수가 해빙의 형성을 부채질할 수 있다는 것이다. 이 해표면의 차가운 해수는 특히 염분이 매우 낮아서 주변의 해수보다 가볍고 따라서 표층에 계속 떠다니기 때문에 저온저염의 표층수가 확장하면서 해양-대기 열교환을 변화시켜 해빙을 유지시킬 수도 있다. 이처럼 남극의 환경은 복잡하고 여러 요소들이 해빙의 형성과 소멸에 관여하고 있기 때문에 해빙에 대해서는 지속적인 관측과 모니터링이 필요하다고 할 수 있을 것이다.

서남극 지역이나 그린란드의 빙하보다 훨씬 더 춥고 기후변화의 영향이 제

---

52) National Snow and Ice Data Center(NSIDC), Laura Naranjo, "Why is there so much Antarctic sea ice?" http://nsidc.org/icelights/2014/01/31/why-is-there-so-much-antarctic-sea-ice/#more-2003.

그림 4-1. 바다 표면에 떠다니는 부빙(ice floe)들은 서로 부딪히며 수렴하고 쌓여가면서 사진에서 보는 것과 같은 능선을 만들어내기도 한다(출처: https://www.flickr.com/photos/80547277@N00/4544002598/, Photo Credit: Eli Duke).

한적일 것으로 예상되는 동남극의 대륙빙에 대해서도 최근에 연구가 이루어지고 있는데, 스위스 취리히 대학교의 연구진은 동남극 대륙빙의 과거 인공위성 영상들을 분석하여 이 지역에서 1970~1980년대에는 빙하가 퇴보하다가 1990년대에는 더욱 성장하였고, 2000년 이후로는 성장과 퇴보를 반복하는 것을 관찰하여, 지구상의 가장 큰 빙하인 동남극 대륙붕이 생각보다 민감하게 기후변화의 영향을 받고 있다는 점을 확인하기도 하였다.[53]

53) Miles, B. W. J., C. R. Stokes, A. Vieli, and N. J. Cox(2013), Rapid, climate-driven changes in outlet glaciers on the Pacific coast of East Antarctica, Nature, 500, 563-566.

극지역의 고기후

고기후(占氣候, paleoclimate) 연구는 과거의 기후변화를 복원하여 자연적 기후 변동과 기후변화의 원인 및 추세를 파악하고 이로부터 미래의 기후변화를 예측하려는 분야이다. 고기후 연구를 통해 과거 자연적인 기후변동과 기후변화 경향을 파악하여 빠르게 진행되는 현재의 변화 중에서 자연적 지구시스템 내부과정에 의한 것과 인간 활동의 영향에 의한 것이 각각 어느 정도인지를 정량적으로 구분할 수 있다. 또, 지역적인 기후변화의 경향과 영향이 어떻게 나타났고, 급격한 기후변동/기후변화가 나타났을 때에 생태계는 어떻게 반응할 지를 연구할 수 있을 것이다. 이러한 고기후 연구에서 극지역의 고기후 연구는 여러 면에서 중요성을 가진다. 첫째, 인간활동 영향이 적어서 자연적인 기후변동/기후변화 경향을 파악하기에 적합하고, 둘째, 기후변화에 매우 민감하게 반응하며, 셋째, 전 지구적 해수 순환의 발원지가 되기 때문이다.

남극에서 시추된 빙하에는 과거 온실가스 등 대기성분의 변화가 고스란히 기록되어 있어서 이를 분석하여 과거의 기후를 연구하고 나아가 미래의 변화를 예측하는 데에도 활용하고 있다. 과학자들은 남극 보스토크 기지에서 시추된 빙하에서 과거 42만년 동안의 지구궤도 변화 영향과 기후 및 온실가스 농도 사이의 상관관계를 찾아냈으며, 지난 200년간 이산화탄소나 메탄과 같은 온실가스가 기후에 영향을 미치고 있다는 증거를 발견하기도 했다. 눈과 얼음이 가지는 높은 태양반사율과 하류 대류권의 안정성 때문에 극지역에서는 기온 상승폭이 매우 크게 나타나는 특성을 지닌다. 실제로 남극에서는 상대적으로 온난한 겨울철에 적설량이 증가하는 경향이 관측되고 있다고 하며, 과거 마지막 빙하기 동안에는 지금보다 남극 적설량이 50%나 적었을 것으로 추정되고 있다.[54] 앞에서 살펴본 것처럼 해빙의 형성과 소멸에는 많은 요소들이 관여하고 있으며 빙하의 총량은 기후변화/기후변동에 매우 민감하게 반응하고 있기 때문에, 과학자들은 적설량 또는 빙하의 형성과 연안 및 빙붕 하부에서 빙하가 녹는 양 사이의 복잡한 관계를 밝히기 위해 계속해서 연구를 진행 중이다. 남극 빙하 변화량의 1/6은 전 지구 해수면 1mm의 변화에 해당한다고 하며, 따라서 해빙 역학을 통해 남극을 포함한 극지역의 빙하 총량을 추정하는 것은 기후 연구에서 매우 중요한 부분이라 할 수 있겠다.

또, 남극대륙 주변의 해양퇴적물 내에는 과거의 기후와 함께 남빙양의 순환에 대한 기록이 담겨 있다. 해빙의 범위와 해수면 온도 변화에 의한 일차생산력 변화 그리고 해류와 대륙 빙하의 확장 범위 등에 의해 퇴적물이 변화할 수 있기 때문이다. 최근 남극의 호수 퇴적물에 포함된 미고생물과 꽃가루 화석을 이용해서도 고기후 연구가 시도되고 있다고 한다. 남극 주변의 수괴 중에서도 대양의 가장 깊은 곳을 채우는 남극저층수는 그 형성 과정에서 해빙과의 상호작용이 중요하기 때문에 남극저층수의 증감과 이에 따른 전 지구적인 기후변화/기후변동 연구를 위해 남극 주변 해양퇴적물에 기록된 기후변화/기후변동의 신호를 해석하고 해빙과의 상호작용을 이해하는 것은 매우 중요한 연구가 될 수 있을 것이다.

극지연구소의 극지기후연구부 고기후 연구팀은 남극 세종기지가 있는 남극반도 지역과 북극 다산기지가 있는 스발바드 지역을 중심으로 과거 수

---

54) 극지연구소 홈페이지, e-Book, 지구환경변화와 남극의 역할. http://www.kopri.re.kr/eBook/
antarcticnearth/antarcticnearth_earth/antarcticnearth_earth_role/antarcticnearth_earth_role.cms.

천~수만 년 동안의 고기후 기록 복원을 위해 연구를 수행 중이다. 또, 나아가 극지 기후와 한반도 기후변화의 연관성 파악을 위해 한반도와 동아시아 지역으로도 연구영역을 확대하고 있다.[55] 남극반도 지역은 PART 2에서도 언급한 것처럼 온난화 효과가 가장 뚜렷한 지역으로서 온도 상승은 물론 식생의 변화와 빙붕 붕괴 등의 급격한 기후 및 환경 변화를 겪고 있다. 고기후 연구팀은 킹조지 섬과 남극 본토 사이의 브랜스필드 해협, 남극과 남미 사이의 드레이크 해협, 스코시아 해, 웨델 해 등 남극 반도 주변의 여러 해역에서 시료를 채취하고 해양퇴적물을 이용해 고해양기록을 복원하는 데 성공한 바 있다. 고기후 지시자의 과거 변화를 정밀하게 측정함으로써 고해상도로 고기후변화를 복원하였으며, 다양한 고기후 지시자를 이용하기 위해서 새로운 지시자의 도입/개발 노력에도 동참하고 있다. 2013년 4월에는 선진국에서 10여 년 동안 탐사를 시도하였지만 실패에 그쳤던 웨델 해의 라슨 빙붕 C 해역을 아라온호가 진입하여 해양 퇴적물 코어 시료를 확보하는 데 성공하였다.[56] 이 퇴적물 시료는 남극 반도 동안의 고해양 환경을 복원하는 데 중요한 자료가 될 것으로 기대된다. 나아가 육상퇴적물과 토양, 식생을 이용해서도 고기후 연구를 수행하고 있다. 북극 지역에서는 스발바드 피오르드에서 채취한 해양퇴적물을 이용하여 마지막 최대빙하기 이후의 기후변화를 복원하고 스발바드 토양 및 육성 퇴적물을 이용한 고환경 복원 연구도 진행하고 있다고 한다.

북극 지역과 남극 지역의 고기후는 무관하게 변해온 것이 아니라 서로 밀

55) 한국극지연구진흥회 블로그, 극지의 고기후 연구, 이재일. http://www.kosap.or.kr/index.php?mid=blog&document_srl=4458&listStyle=viewer.
56) 『미래를 여는 극지인』, 2013년 13호, 한국극지연구진흥회.

접하게 관련되어 있으며, 북반구와 남반구에서 벌어지는 기후변화 사이의 위상관계를 정확히 파악하는 일은 전 지구적 기후역학을 이해하기 위해서도 매우 중요한 열쇠가 된다. 과학자들은 남극의 드로닝 마우드 랜드(Dronning Maud Land)에서 시추된 새로운 아이스 코어에서 얻은 고기후 기록을 분석하여 대서양 자오선 순환(Atlantic meridional overturning circulation)을 통해 북극 그린란드 아이스 코어에 기록된 주요 기후 사건들이 남극에서의 기후 변동과 서로 연동함을 파악했다. 북부 그린란드 아이스 코어와의 메탄 동기화 후 산소 동위원소 기록에서 남극의 온난화 사건들과 그린란드의 기후적 사건들이 '양 극지방의 시소 현상'을 통해 서로 연동하고 있음을 밝히고, 이를 통해 남극의 온난화 정도가 자오면 순환의 약화로부터 초래될 수 있었음을 보인 셈이다.

극지 생지화학 및 생태학

PART 3에서 소개한 극지 생태계는 생지화학적 순환을 통해 기후변화에 반응하게 된다. 연중 거의 변화가 없는 수온과 달리 일사량의 변화는 계절적으로 극심하며 이에 따라 해양생태계 먹이망(food web)의 근본이 되는 식물플랑크톤의 번성은 짧은 여름철에 국한되어 발생한다. 이러한 극지 해양생태계는 기초생산자인 식물플랑크톤을 먹이로 하는 동물플랑크톤과 이들을 먹이로 하는 어류, 펭귄, 고래 등의 먹이망으로 구성된다. 최근에는 극미세 식물 플랑크톤 기반의 다른 먹이망의 존재도 밝혀지고 있지만 대체로 짧고 단순한 먹이망으로 구성되는 특징이 있다.

생물자원의 보고인 남빙양에서는 개척 시대부터 물개 사냥과 포경업이 시작되어 수십 년간의 지나친 남획으로 남극 물개가 거의 멸종 직전에 이르렀고, 코끼리해표의 대량 도살도 시작되었다. 20세기부터 본격적으로 시작된 포경업은 1950년대에 이르러 금지되었고, 1970년대에 크릴과 남극대구 조업을 시작으로, 1980년대 중반의 파타고니아 이빨고기('메로'라고 불림) 조업 본격화를 거쳐 1982년에는 남극해양생물자원의 합리적 이용과 관리를 위한 '남극해양생물자원보존협약'이 발효되었다. 그 이후에야 비로소 과학적 조사를 통해 상업적 조업을 감시하고 자원관리가 이루어질 수 있었다.

그러나 지구온난화와 같은 전 지구적 기후변화로 인한 지구환경의 변화는 식물플랑크톤의 생산력에 큰 영향을 주었고, 앞에서 살펴본 것처럼 생태계 전반에 파국적인 변화를 가져오고 있는 상태이다. 해양생태계 기초생산자인 식물플랑크톤의 생산력 감소는 이를 먹이로 하는 크릴과 그 상위 포식자인 펭귄, 물개, 어류, 고래 등에도 연쇄적으로 영향을 주어 해양생태계의 기능과 수산자원에 큰 변동을 가져올 수 있기 때문이다. 개척 시대부터 지나친 남획 등으로 크게 변화한 물개와 고래 등의 상위 포식자들은 기후변화 등의 전 지구적 지구환경 변화로 야기된 영향인지 어업활동에 의해 인위적으로 변화한 것인지도 뚜렷하지 않은 상태이다.

최근에는 남극에서도 기지의 운영과 과학 활동 등으로 인간 활동이 증가하면서 환경과 생태계에 대한 물리적 파괴와 유류/독성물질의 유출로 인한 환경오염이 빈번해지고 있어서 또 다른 우려를 낳고 있다. 1998년 1월 14일에는 '환경보호에 관한 남극조약의정서'가 발효되어 남극에서의 인간활동에 의한 환경파괴와 생물에 대한 위해를 최소화하기 위한 여러 규정들이 명시되고, 서식생물 보호와 자연환경 보존을 위한 관리가 시작될 수 있었다. 우리나라도 남극조약에 가입하고 의정서를 준수하기 위해 기지운영에 관련된 환경 모니터링 등 관련 연구 및 업무를 수행하고 있다.

수십 년 전부터 생물해양학자들은 종종 "남극처럼 영양염이 풍부한 곳에 왜 식물플랑크톤의 양이 적을까"라는 질문을 가지고 있었다. 그중, 존 마틴(John Martin)은 실험을 통해서 남극에서 사는 식물플랑크톤에 철 이온만 공급할 수 있다면 제한되었던 생산량이 크게 증가한다는 사실을 깨달았고, 남극에 부족한 철 이온을 고려하여 철 이온에 의해 제한되는 식물플랑크톤 생장을 주장하는 논문을 최초로 발표하였다.[57] 또한 그는 과거 빙하기가 온 이유를 철이 많이 함유된 대기의 흐름과 먼지바람에 의해서 남빙양에 많이 공급된 철 이온 및 이에 따른 식물플랑크톤의 대번성과 온실가스인 대기 중 이산화탄소 흡수로부터 찾았다. 첫 논문을 발표한 같은 해 그는 1998년 우즈홀 해양연구소에서 "나에게 유조선 절반 분량의 철 이온만 준다면 빙하기를 일으킬 수 있을 것이다(Give me a half a tanker of iron and I will give you another ice age)"라고 주장하며, 남빙양의 철 이온 부족이 현재의 생태계 상태뿐만 아니라 전반적인 기후변동을 야기함을 암시하였다. 그 후 "바다에 철을 뿌려서 과연 식물플랑크톤의 대번성이 야기되는지, 또 이산화탄소 흡수가 증가되는 지를 알아보자"는 모토로 "철 비료 가설(Iron Fertilization Hypothesis)" 시대가 열렸으며, 많은 생물해양학자들은 십 년 넘게 남빙양으로 앞 다투어 진출하며 여러 방법으로 철 이온을 투하하는 실험을 재개하게 되었다. 그중 한 방법으로서 해수에 있는 유공충에 붙어 있는 질소동위원소를 이용하여, 빙하기 당시의 질산염 소비, 철의 매장 흐

57) Martin, J. H., & Fitzwater, S. E.(1988). Iron deficiency limits phytoplankton growth in the northeast Pacific subarctic. Nature, 331(3414343), 947-975.

름, 그리고 생산량을 나타내는 인자를 측정하였다. 결론적으로 보면 이 가설은 식물플랑크톤 대번성의 야기로 어느 정도 입증되었으나, 이를 이산화탄소 농도 감소로까지 연결하는 지구공학적(geo-engineering) 프로젝트로 보기에는 다소 무리가 있다는 것이 대다수 전문가들의 입장이다. 그럼에도 불구하고 이 철 비료 가설과 실험으로 인해 생태계 반응이 다시 기후변동에도 영향을 미칠 수 있음이 더욱 확고해지게 되었다. 현재 남빙양은 철 이온이 함유된 먼지바람이 많이 불어오지 않아 철 이온 부족에 따른 식물플랑크톤 대번성 저해로, 과거 빙하기와 다르게 남빙양에서 이산화탄소를 흡수하는 것이 아니라 오히려 대기 중으로 방출하는 이산화탄소의 공급원으로 여겨지기도 한다.

이처럼 극지의 기후변동 및 기후변화를 이해하기 위해서는 해양의 물리적 요소, 생물, 생지화학을 동시에 고려할 수 있는 다학제적 이해 능력이 요구된다. 해양의 물리적 요소는 그 생태계에 살고 있는 생물의 반응과 생태계의 구조에 직접적인 영향을 미치고, 생지화학은 이들 생물, 생태계가 만들어낸 유기물 등의 물질 순환이므로 다시 해양의 물리적 환경에 직접적으로 연결된다. 전 지구적 환경변화가 어떤 한 요소만의 변화로 인한 것이 아니라, 전체적인 시스템의 변화에 의해서 야기된 점을 생각할 때, 기후 변동 및 피드백이 이해될 수 있을 것이다.

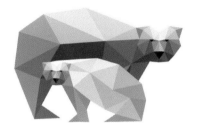

지구 역사의
기록과 미래자원

PART 5. 지구 역사의 기록과 미래자원

극지연구에는 과거 지구가 겪어온 기후변동을 조사하는 일이나 막대한 양의 미래자원을 파악하는 일도 포함된다. 남빙양이나 남극대륙의 만년빙 등에는 과거의 지구환경에 대한 기록이 고스란히 잘 보관되어 있으며, 그린란드 등지에는 최대 규모의 희토류가 매장되어 있다고도 한다. 남극 대륙 주변 대륙붕에도 유전 존재 가능성과 막대한 가스하이드레이트 매장이 알려져 있는 등 극지는 지구 역사의 기록 저장소이면서 동시에 미래자원의 보고라고 할 수 있다. 여기서는 극지역의 육상 및 해저 지질 과학으로부터 해저 시추와 빙원 얼음의 빙하코어(ice core) 등을 이용한 과거 지구환경 연구들을 살펴보고, 또 극지역에 존재하는 막대한 양의 부존자원에 대해 생각해 보기로 한다.

과거 지구환경 기록

남극대륙은 지구 육지 면적의 9%를 차지할 정도로 넓은 땅이며, 활화산·온천·지진 등의 지질학적 현상들도 볼 수 있는 곳이다. 세종기지 남서쪽으로 120km 정도 떨어진 디셉션 섬은 활화산 섬으로서 1960년대 말에 폭발하여 당시 그 섬에 있던 칠레와 영국의 연구기지가 화산재로 모두 덮이기도 했었다. 남극이지만 눈과 얼음이 없는 그 섬에서는 지금도 산꼭대기

분화구에 섭씨 100도에 가까운 열기가 뿜어 나오는 중이라고 한다.[58] 우리나라는 제1차 하계 연구부터 지질학자들이 참여하여 세종기지 일대의 지층·암석·지표의 지질 현상들을 조사해왔다. 1995/96년에는 리빙스톤 섬의 바이어스 반도에서 퇴적학 연구가 수행되었고, 1999년에는 킹조지 섬 바톤 반도 토양 속 점토 광물의 분포와 기원을 발표했다.[59] 남극대륙과 같이 강한 바람, 저온, 건조의 극한 환경에 노출된 극지 암석은 동결-용해에 의해 그 역학적 특성이 변해왔을 가능성이 있다. 서남극 케이프벅스 및 동남극 테라노바만에서 채취된 암석은 국내 편마암이 보이는 대표적인 물성값의 범위 내에 존재하지만 흡수율-P파 속도 변화와 같은 물리적 특성은 지표에 노출된 암석에서 더 잘 나타나는 것으로 보고되기도 했다.[60]

현재 30,000개 이상 채집된 남극운석은 우리에게 지구탄생 초기의 생생한 역사를 보여주기도 한다. 남극 운석은 빙하의 흐름이 막힌 산맥의 내륙 측에서 발견된다고 하는데, 태양계 형성과 진화의 비밀을 풀어줄 '우주 DNA'로 불리는 운석 연구 기반을 조성하기 위해 우리나라에서도 남극대륙 운석탐사 계획을 2005년부터 기획하기 시작하여, 2007년 1월에는 독자적으로 최초 운석탐사를 실시하고 5개의 운석을 채집하기도 했다. 채집한 운석은 레이저 불화방식 산소동위원소로 분석하여 그 결과를 학계에 보고하였다.[61] 작년(2013년) 1월에는 극지연구소 남극운석탐사대가 남극대륙 장보고기지 건설지 남쪽 350km 지점에서 최초로 달 운석을 발견하기

58) 2006년 3월 16일자 시사뉴스피플, "지구의 끝, 부존자원의 보고 남극", 임석빈 편집주간.

59) 한국극지연구 진흥회 블로그, http://www.kosap.or.kr/reant7.

60) 김기주, 김영석, 홍승서(2012), 극한환경에 노출된 남극 암석의 물리적·역학적 특성, 대한토목학회 논문집, 32(6C), 275-284.

61) 한국극지연구 진흥회 블로그, http://www.kosap.or.kr/reant3.

도 했는데, 'DEW12007'로 명명된 이 운석은 한국과 이탈리아의 공동탐사 중 한국 측이 발견한 것으로 국제운석학회에 등록된 약 4만 6천여 개의 운석 중 약 160여 개에 불과한 달 운석이라고 한다. 극지연구소는 지속적인 남극 운석 탐사를 통해 180여 개의 남극 운석을 보유하고 있으며, 운석 연구에서 이미 세계 5대 연구 기관 중 하나가 되었다고 한다.[62]

육상의 흙이 바다로 흘러들어가 쌓이면서 해양퇴적물을 형성하게 되는데, 과학자들은 이 해양퇴적물을 채취하기 위해 해저시추 작업을 한다. 이러한 해저시추 기술은 자원탐사 이외에도 과거의 지구환경을 연구하기 위해 매우 귀중한 자료를 제공해 준다. 해저시추를 통해 얻은 해양퇴적물을 분석하여 바다에 새겨진 과거 지구환경을 추정하는 데 활용할 수 있기 때문이다. 특히 남빙양의 심해 퇴적물은 과거 지구환경을 유추할 수 있는 중요한 단서를 제공하고 있어서, 과학자들은 소위 "지구의 속살"까지 뚫고 들어가서 지구의 생성과 생명의 기원을 밝히고자 수천 미터에 달하는 해저시추를 시도하고 있다.[63] 우리나라도 남극연구를 시작한 이래 매년 고기후 환경을 연구하기 위해 남극 해저퇴적물을 시추해 분석해왔고, 그 연구결과들을 학계에 보고해왔다.

해양의 해저 시추에는, 해저 1m 이내의 짧은 퇴적물을 채취하기 위해 사용하는 간단한 상자(box) 시추기로부터 시작해서 다중주상(multiple), 중력(gravity), 피스톤(piston), 드릴(drill) 시추기에 이르기까지 연구 목적과 편리성에 따라 다양한 시추기들이 선택적으로 사용된다. 복잡하고 첨단 기술

62) 한국극지연구진흥회 블로그. http://www.kosap.or.kr/reant7.
63) 극지연구소홈페이지. http://www.kopri.re.kr.

이 요구되는 드릴 시추기는 전문적인 시추 사업인 국제공동해양시추사업 (Integrated Ocean Drilling Program, IODP)에 대부분 이용되는 드릴 시추선을 이용하거나 드릴 장비를 사용할 수 있는 구조를 갖춘 연구선을 사용하며, 고비용이 요구되지만, 수천 미터의 해저 퇴적물을 채취할 수 있도록 해 준다. 극지연구소에서는 쇄빙선 아라온호에 점보 피스톤 시추기를 도입하여 장착하였다고 하는데, 최대 39m 길이의 퇴적물 코어를 획득할 수 있도록 설계되었다고 한다.[64]

과학자들은 국제남극시추 프로젝트(ANDRILL)을 통해 300~600m 두께의 남극의 빙붕(ice shelf) 아래에서도 해저시추를 실시하고 있다(그림 5-1). 두꺼운 빙붕 아래의 바다와 그 아래의 심해저는 어떠한 장비도 보내기가 어려운, 접근이 매우 제한된 곳이지만, 과학자들은 빙붕 위에 드릴 시추기를 설치하여 먼저 빙붕의 얼음을 뚫고 그 아래의 바다로 들어간 후 시추공이 싶은 바다 아래에 닿으면 다음 시추 목표지점에서부터 심해저 수백 미터를 다시 시추하는 매우 어려운 도전을 시도하고 있다.[65] 이러한 시추 기술은 빙붕이 점차 외해 쪽으로 이동하게 되기 때문에 2~3년 걸리는 시추 기간 동안 변하는 시추 위치를 고려하여 시료를 얻는 노하우가 있어야만 한다.

이 시추 자료의 해석을 위한 매우 흥미로운 주제 중의 하나는 바로 앞에서도 여러 차례 언급되었던 규조류(diatom)를 이용한 고환경 연구이다. 해양의 규조류는 투명 골격을 가진 단세포 미세조류로서 비록 그 크기는 작지만

64) 한국극지연구 진흥회 블로그.
   http://www.kosap.or.kr/index.php?mid=blog&category=3038&page=2&document_srl=11815.
65) 한국극지연구 진흥회 블로그.
   http://www.kosap.or.kr/index.php?mid=blog&category=3038&page=2&document_srl=11815.

수십억의 규조류는 바다와 심해저에 사는 여러 해양생물에게 먹이를 공급하는 역할을 한다. 그런데 규조류가 죽으면서 해저에 가라앉아 화석이 되고 퇴적층을 이루기 때문에 해저퇴적물을 분석해보면, 외양에 사는 규조류가 어느 시기에 많이 존재했는지, 남극대륙 부근의 해당 위치가 어느 시기에 빙붕으로 덮여 있었는지 등을 추정할 수 있게 된다. 이런 방식으로 해저

그림 5-1. 국제남극시추 프로그램(ANDRILL)과 남극의 과거에 대한 실마리를 제공하는 규조류 연구. 수 백미터 두께의 빙붕(ice shelf)을 뚫고 내려가 다시 심해저 목표지점에서 다시 수백 미터를 시추한다 (출처: 국제남극시추 프로그램, 남극의 기후비밀들 Flexhibit 배너[66]).

퇴적물의 규조류는 남극의 과거에 대한 실마리를 제공하고 있다(그림 5-1).

지구상에서 가장 작은 대양이라 할 수 있는 북극해는 태평양의 1/10 규모
로 절반 이상의 면적이 대륙붕과 대륙사면으로 이루어져 있어 수심도 얕
은 편이다. PART 2에서 소개한 것처럼 현재는 북극 해수가 수직적으로 3
층 구조를 가지고, 베링해로부터 태평양수가 북극점 부근까지 연결되며
그린란드 환류 등을 통해 그린란드 서부 해역에서 가라앉은 무거운 해수
가 대서양으로 유입하는 순환구조를 가지지만(그림 2-2), 기후변화/기후변
동을 지속적으로 겪어온 것으로 보인다. 군사적인 문제 때문에 접근이 어
려워 많이 알려지지 못한 부분도 있지만 현재보다 섭씨 12도 정도 낮은 온
도를 가졌던 과거 빙하기에는 북극해에도 1km 이상 두께의 얼음이 존재
했다는 설이 있다. 또 북극 지역의 온도가 섭씨 약 1.5도 범위 내에서 톱니
이빨처럼 온도의 상승/하강 반복을 거쳐 왔는데, 풍뎅이와 화분 화석 연구
에 따르면 북유럽에서도 이와 비슷한 기후변화 양상을 보였다고 한다.[67]
PART 2에서 살펴본 것처럼 오늘날 지구온난화와 해빙피드백을 통해 북
극의 온도는 최근 급격히 상승하고 있으며, 한파나 황사일수 등 멀리 떨어
진 한반도의 기상에 영향을 미치고 있는데, 더 긴 기간의 과거 기록을 통
해 북극의 동쪽과 서쪽이 약 60년 주기로 온도 변화를 겪어온 것으로 알려
지게 되었다. 예를 들면, 1817~1870년은 1952~1970년에 비해 해빙이 많
았고, 1960년대보다 1870~1900년대에 더 춥고 해빙이 많이 존재했던 기

Part 5. 지구 역사의 기록과 미래자원

66) 국제남극시추 프로그램(ANDRILL), 남극의 기후비밀들(Antarctica's Climate Secrets), Flexhi-
bit (Flexible Exhibit) 배너, http://www.andrill.org/flexhibit/flexhibit/materials/index.html.

67) 신임철, "북극의 고기후, 고환경 변화", 기상소식, 2004년 12월호. http://web.kma.go.kr/
kma15/2004/contents/200412_05.htm.

록이 있다고 한다.[68]

과거의 지구환경을 복원하는 접근 방법은 크게 두 가지로 볼 수 있는데, 하나는 해저 시추 등을 통해 극지역 해저퇴적물을 연구하는 것이고, 또 다른 접근 방법은 고산 지대나 남극을 덮은 빙원(冰原)의 얼음을 분석하는 것이다.[69] 북극의 해빙은 상당 부분 사라졌지만, 매년 내리는 눈이 겹겹이 쌓여 형성된 남극대륙의 만년빙은 아직 그 평균 두께가 약 2,500m에 달하고 있다(그림 5-2). 이 빙하층은 장기간의 자연적 지구환경변화(빙하기와 간빙기의 반복)에 대한 기록을 고스란히 간직하고 있어 '냉동타임캡슐'로 불리기도 한다.[71] 특히 당시의 기온 기록을 지니고 있으며, 얼음 속 미세 기포들의 화학성분과 얼음 자체를 분석하면 당시의 대기환경을 유추할 수 있다고 한다. 에어로졸과 같은 대기 성분의 변화나 엘니뇨 그리고 화산폭발, 대형 산불과 같은 사건들을 볼 수도 있다. 이처럼 빙하코어(icecore)는 과거 지구환경의 변화를 추정하여 기후변화 연구에 활용할 수 있는 단서를 제공해 주고 있다.

대륙빙하코어를 이용한 기후변화 연구는 1960년대에 시작되어 그린란드와 남극대륙뿐만 아니라 저위도의 고산지대 빙하시추가 계속해서 이루어지고 있다. 1998년 러시아의 남극 보스토크 기지에서 시추한 빙하코어는 3,623m로 세계 최장이고, 2004년 프랑스와 이탈리아의 남극 공동기지

극지, 과학으로 다가서다

---

68) 신임철, "북극의 고기후, 고환경 변화", 기상소식, 2004년 12월호. http://web.kma.go.kr/kma15/2004/contents/200412_05.htm.

69) 한국극지연구진흥회 블로그. http://www.kosap.or.kr/reant3.

70) 국제남극시추 프로그램(ANDRILL), 남극의 기후비밀들(Antarctica's Climate Secrets), Flexhibit (Flexible Exhibit) 배너, http://www.andrill.org/flexhibit/flexhibit/materials/index.html.

71) 한국극지연구진흥회 블로그. http://www.kosap.or.kr/reant6.

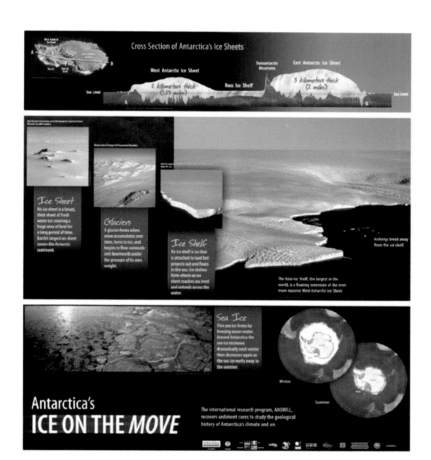

그림 5-2. 국제남극시추 프로그램(ANDRILL)과 남극 빙하의 움직임 연구 (출처: 국제남극시추 프로그램, 남극의 기후비밀들 Flexhibit 배너[70])

인 Dome C에서 시추한 빙하코어는 3,270m에 달한다고 한다.[72] 이제 장보고과학기지가 건설되어 우리나라도 남극 빙하시추와 연구에 본격적인 박차를 가할 것으로 기대되고 있다. 이미 빙하코어를 분석한 흥미로운

---

72) 한국극지연구진흥회 블로그. http://www.kosap.or.kr/reant6

연구결과들은 학계에 보고되고 있다. 최근 네이처커뮤니케이션스(Nature Communications)에 게재된 논문에 따르면, 서울대학교 지구환경과학부 빙하/고기후 실험실(안진호 교수) 연구진은 미국 연구진과 참여한 공동연구에서 남극의 사이플돔(Siple Dome) 지역(그림 5-3)에 있는 빙하코어를 이용하여 과거 이산화탄소 농도 변화를 복원해 낼 수 있었다. 이로부터 연구진은 남극 온도가 오래도록 상승했던 기간에는 대기 중 이산화탄소 농도가 증가한 것을 확인할 수 있었다. 무엇보다도 불과 10~20년 사이에 섭씨 8~16도

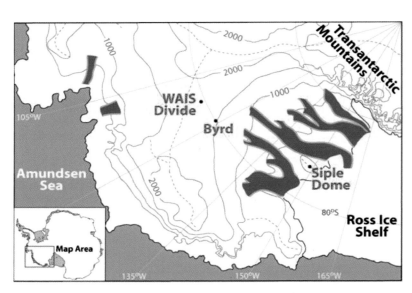

그림 5-3. 서남극빙상(West Anarctic Ice Sheet) 분리 아이스코어(Ice Core)의 사이트 선정 위치들, 사이플돔(Siple Dome) 지역은 로스 빙붕(Ross Ice Shelf)에 가까이 위치하고 있다 (출처: 서남극빙상(West Anarctic Ice Sheet) 분리 아이스코어(Ice Core)[73].)

---

73) 서남극빙상 (West Anarctic Ice Sheet) 분리 아이스코어(Ice Core)의 사이트 선정 위치들, 사이플돔 지역은 로스 빙붕에 가까이 위치하고 있다. 미국 연구진은 서남극빙상에서 아이스코어를 통해 기후 연구를 진행 중인데, 이를위해 약 40개의 서로 다른, 그러나 상생하는 프로젝트들이 지원되고 있다. http://www.waisdivide.unh.edu/graphics/WAISDivide_large_maparea.jpg

나 되는 급격한 기온 변화를 20번 이상 관찰할 수 있었는데, 이것은 '기후가 천천히 점진적으로 변한다'는 통념을 깨는 새로운 발견이었다.[74] 또한, 그린란드 기후와 남극기후가 일정한 규칙성을 가지고 서로 밀접히 연관되어 있음이 발견되었는데, 북반구와 남반구 사이의 기후 연결성이 해류 순환 변화로 조절되며, 대기 중 이산화탄소 농도는 남극 온도와 같은 방향으로 변해왔다는 학설을 뒷받침하는 중요한 증거를 제공하게 되었다. 아직 완전히 증명된 것은 아니나 북대서양 주변 빙하의 성장/후퇴에 따라 북대서양에 유입되는 담수량과 북대서양 심층수 형성이 조절되어 해류 순환을 통해 남극기후에 영향을 미친다는 것이다. 연구진의 고해상도 연구를 통해서 기존의 저해상도 연구에서는 볼 수 없었던 새로운 방식의 변화 양상도 확인하였는데, 즉, 남극 온도가 상승하고 북반구(그린란드) 온도가 하강하는 기간이 짧은 경우에는 이산화탄소 농도 증가가 동반되지 않는다는 점이 바로 그것이다. 이는 짧은 기후교란이 탄소순환에 변화를 일으킬 정도로 크지 않았다는 것을 또한 암시한다.

107 | Part 5. 지구 역사의 기록과 미래자원

남극의 자원

1998년 체결된 남극조약에 의해 2048년까지 남극의 지하자원 개발이 금지되어 있고, 오직 과학적 목적에 의한 연구 활동만이 허용되고 있는 상태이다. 그러나 남극은 사실 이미 파악된 것만 해도 놀라울 만큼의 엄청난 자원이 존재하고 있는 '자원의 보고'이다. 현재는 영유권 분쟁이 잠정 중

---

74) 한국극지연구진흥회 블로그.
    http://www.kosap.or.kr/index.php?mid=blog&category=3038&document_srl=21301.

지되어 있는 상태이지만 향후 각종 자원을 둘러싸고 소유권 분쟁이 일어날 수 있는 여지는 충분해 보인다. 남극 대륙붕에 최소 500억 배럴 이상 추산되는 석유와 가스 자원은 물론이고, 단백질이 풍부한 크릴새우가 최소 매년 1억 2천만 톤 수준으로 어획되는 것만 고려해도 그 가치를 충분히 짐작할 수 있다.

오늘날에는 남극이 많이 알려지고 탐험 장비와 운송 수단이 발달하여 조난 사고가 줄었다지만 스웨덴 남극탐험대의 조난·생존·조우 2년 월동, 벨기에 남극탐험대의 남극해 월동·죽음·생존, 새클턴 탐험대의 탐험선 침몰과 해빙 상륙 및 구조, 더글러스 모슨의 단독 생존처럼 남극탐험 이야기는 끝이 없다고 한다. 그런데 사실 19세기 남극탐험도 대부분 직간접적으로는 경제적 동기에서 시작되었다고 한다.[75] 새로운 항로의 탐험, 고래와 물개잡이 가능성의 조사, 광물자원의 부존 가능성 탐사 등이 목적이었다. 남극의 자연자원을 '인간에게 쓸모 있는 모든 자연의 물질이나 특성'으로 정의할 때, 남극의 자연자원은 위에 언급한 광물자원과 생물자원뿐만 아니라 대륙 그 자체와 인간 생존·활동 등에 필요한 물, 얼음, 기후, 공간 등을 모두 포함할 수 있다. 그러나 현재 시장 가격과 사용비용, 개발비용을 포함하는 '경제성'을 고려할 때, 남극대륙에는 여전히 경제적 자원이 존재하지 않는다. 다만 시장가격, 사용비용, 개발비용이 변화하므로 그 '잠재적' 경제자원은 무궁무진하다고 여겨지는 것이다.

남극대륙의 지질 연구를 통해 여러 부존 광물이 확인되었는데, 트랜선탁틱 산맥의 석탄, 동남극 프린스찰스 산맥 부근의 철광석, 서남극 펜사콜라

남극, 과학으로 다가서다

75) 다음 백과사전(브리태니커), "남극대륙의 자원".

산맥 북부의 크롬·구리·주석·우라늄·금, 남극대륙 근해의 해저와 서남극 내륙분지의 석유 등이 그 예이다.[76] 더구나 대부분 빙상으로 덮여 있어서 새로운 지하자원 매장지가 발견될 가능성도 매우 크다. 남극대륙 과 그 주변 대륙붕에 대규모의 유전이 존재할 가능성이 높다고 하며, 막대한 양의 가스 하이드레이트가 매장되어 있음은 이미 발견되기도 하였다. 또, 21세기 IT 산업의 핵심원료라고 할 수 있는 희토류가 북극권의 콜라반도, 북시베리아, 그린란드 등지에 최대 규모로 매장되어 있다고 한다. 특히 "불타는 얼음"이라 불리는 새로운 미래 에너지로 각광받고 있는 가스 하이드레이트의 전 세계 매장량은 화석연료 총량의 2배에 이를 것으로 추정되는데, 자원과 환경보호를 모두 만족시키며 북극 영구동토지역과 극지 해역에 풍부하게 매장되어 있고 개발가능성이 높다고 한다.[77] 극지연구소 남극 지구물리 연구팀은 남극반도 해역에서 1993년부터 탄성파 탐사를 포함한 종합 해저지질탐사를 수행해왔는데, 남셰틀랜드 군도 북동 해역에서 상당량(국내 소비량의 300년 분량)의 가스하이드레이트 매장을 확인하기도 했다.

남극 크릴을 비롯한 극지해양생태계가 포함하는 방대한 양의 생물자원은 비록 아직 미개발 상태이지만 전 세계 수산물 생산량을 능가할 정도의 규모라고 한다. 또, 극한환경에 적응하기 위한 극지생물의 대사과정을 통해 생산된 생체물질은 극지생물자원을 활용할 수 있는 또 다른 가능성을 보여준다. 극지생물의 결빙방지물질, 저온효소, 자외선 피해완화물질 등도 산업적 응용가능성을 보여주는 많은 예 중 하나이다. 극지해양생태계

76) 다음 백과사전(브리태니커), "남극대륙의 자원".
77) 한국극지연구진흥회 블로그. http://www.kosap.or.kr/reant3.

는 역동적인 만큼 쉽게 균형이 깨질 수 있기 때문에, 지속 가능한 방법으로 이용하기 위해 지혜가 필요한데, 이는 과거의 실수를 통해 배울 수 있는 점이기도 하다. 1766년 물개의 가죽 채취를 주요 목적으로 포클랜드 제도에서 물개잡이를 시작했으나 100년이 되기도 전에 물개 떼가 전멸하자, 기름을 얻기 위하여 바다코끼리를, 다시 바다코끼리가 감소하자, 고래를 잡기 시작했다고 한다. 고래는 그 수효가 격감하여 1970~1990년대에는 할당량을 정하기도 했으며, 현재는 상업적 고래잡이가 아예 금지되어 있다.

앞의 PART 3에서도 살펴본 것처럼 우리나라도 남극연구에 뛰어들면서부터 남극 해양생태계 연구를 시작했는데, 남극과 남빙양의 해양생태계는 해빙, 오존층 등과도 밀접하게 관련되어 있어서 이에 대한 지속적인 모니터링과 더 많은 연구를 통해 지속 가능한 방법으로 생물자원을 관리, 경영하는 지혜가 필요할 것이다. 무엇보다도 남빙양의 해양생태계에서 중심에 있는 것이 크릴인데, 앞에서도 살펴본 것처럼 동물플랑크톤의 일종인 크릴은 무기물로부터 유기물을 생산하는 일차 생산자인 식물 플랑크톤을 섭취하고, 고래, 해표, 어류, 오징어류, 펭귄과 바닷새들의 피식자 역할을 담당한다. 이처럼 다양한 포식자들이 한 종류의 먹잇감(크릴)에 매달리는 현상은 다른 생태계에서 좀처럼 볼 수 없는 특이한 것이다. 따라서 크릴 연구는 남빙양 해양생태계 연구에서 매우 중요한 부분인데, 흥미로운 점은 이들이 해류의 흐름에 따라서 와류가 형성되는 해역에서 잘 존재하는 점이다. 특정 해역에서 무려 200만 톤이 넘는 크릴이 관측된 바도 있다고 한다. 또, 크릴과 상위 포식자들을 연결해 주는 고리로 대표적인 것이 오징어류인데, 고래 · 해표 · 바닷새 등의 상위 포식자들이 연간 섭취하는

오징어 양이 무려 3,000만 톤에 달하는 것으로 추정된다고 한다.[78]

남극대륙의 잠재자원에 대한 이용가능성에 대해서는 여전히 많은 제안과 아이디어들이 제기되고 있다. 비록 수송비용의 문제가 있지만 남극대륙 빙상은 세계 빙하 총량의 90%를 차지하는 담수의 거대한 잠재공급원이고, 또 물론 여전히 비경제적이나 곡물·식료 등의 냉동창고 후보지로 제안되기도 했다. 방사능 폐기물의 처리 및 보관지로 제안되기도 했지만 이는 남극조약에 의해 금지되었고, 관광지로의 활용은 1958년 아르헨티나가 시작한 이래 정기적인 관광선이나 관광비행기가 남극의 여름철(12~2월)에 방문하는 형태로 진행되고 있다.[79]

---

78) 2006년 3월 16일자 시사뉴스피플, "지구의 끝, 부존자원의 보고 남극", 임석빈 편집주간.
79) 다음 백과사전(브리태니커), "남극대륙의 자원".

Part **6**

과제 및 전망

극지 연구의 과제와 전망
남극연구의 과제와 전망

PART 6. 과제 및 전망

극지연구의 역사와 인프라에서부터 극지의 물리적 환경, 극한의 환경에 적응해온 생물들, 기후변화를 위한 열쇠이자 생지화학적 순환으로 기후변화에 반응하는 극지 생태계, 과거 지구환경의 기록 저장소이면서 미래 자원의 보고와 같은 극지의 다양한 모습들에 대해 살펴보았다. 마지막으로 남아 있는 과제와 앞으로의 극지연구를 전망해 보기로 한다.

요약

앞에서도 살펴본 것처럼 북극해라는 바다로 이루어진 북극과 남빙양으로 둘러싸인 거대한 남극대륙이 존재하는 남극의 환경은 여러 면에서 다르다. 북극에는 에스키모로 알려진 이누이트족 원주민들이 고유의 문화와 역사를 만들며 살아가고 있는 반면에 남극에는 원주민도 섬들의 주인도 없다. 남극조약으로 인해 큰 충돌이 없는 남극과 달리 1982년 UN 해양법협약(1994년 발표)의 적용을 받고 있는 북극해에서는 기본적으로 200해리의 배타적 경제수역(EEZ)을 인정받는 연안국들이 엄연히 존재하며, 이들은 지구물리 탐사를 통해 최장 350해리까지 대륙붕을 인정받을 수 있다. 북극해는 특히 북극항로 개발과 자원선점을 둘러싸고 오늘날 각국의 각축장이 되어가는 양상까지 보이고 있다.

지구 온난화에 대한 반응도 상반되게 나타나고 있다. 해빙피드백으로 지구온난화 효과가 가장 뚜렷한 북극권에서는 기온 상승 속도가 다른 지역의 2배 정도로 매우 빠르고 빙하의 소멸이 급격하게 나타나는 반면, 남극에서는 뚜렷하지 않거나 오히려 해빙 면적이 늘어나는 연구결과가 발표되고 있다. 그러나 PTRA 4와 5에서 소개한 것처럼 북극과 남극 지역에서의 고기후는 전혀 독립적인 것이 아니라 서로 밀접하게 관련되어 '양 극지방의 시소 현상'을 통해 연동해 왔다. 해양 순환의 변화는 북반구와 남반구 사이의 기후 연결성을 조절해 왔고, 북대서양 주변 빙하의 성장과 후퇴는 북대서양에 유입되는 담수량과 북대서양 심층수 형성을 조절하여 해양의 자오선 순환을 통해 남극 기후에까지 영향을 미쳐왔을 가능성이 제기되고 있다.

이처럼 서로 밀접하게 연동하며 기후를 조절하지만 서로 전혀 다른 환경과 조건을 가진 북극과 남극, 각각의 연구에서 남겨진 과제들과 앞으로의 전망에 대해 생각해 보기로 한다.

북극연구의 과제와 전망

북극연구와 관련하여 가장 뚜렷하고도 중대한 변화는 아마도 북극해 해빙의 급격한 감소일 것이다. 해빙이 사라지면서부터 새롭게 부각되고 있는 북극항로 및 자원개발 등의 가능성은 향후 북극연구에서 최우선적으로 고려해야 할 사항이라 할 수 있겠다. 미 해양기상청(National Oceanic and Atmospheric Administration, NOAA) 과학자들은 수치 모의를 통해 금세기 중반이 되면 이미 북극해에서 여름철 해빙은 거의 다 사라지는 것으로 예측하고 있으며, 이것은 북극항로 시대가 바로 당장에 도래할 수 있음은 물론, 나아가 전반적인 북극 생태계와 인류의 경제활동 자체에도 큰 변화가 일어나게 될 것임을 시사한다. 이들의 예측 결과에 따르면 2040~2059년경에는 기존 러시아 측의 북동항로와 캐나다 측의 북서항로를 통해 경량급 쇄빙선이나 일반 선박의 북극해 통항이 가능할 것이라고 한다. 또, 쇄빙선을 사용하면 이동거리가 20% 단축되는 북극점 경유의 대서양-태평양 직선 항로 가능성도 전망되고 있다.

북극해 해빙의 소멸은 전 지구적인 기후에도 큰 영향을 미치며 한반도 역시 예외가 아님은 이미 앞에서도 소개했다. 집중호우와 한파, 이상저온, 폭설, 폭염 등의 한반도 기후변화가 북극진동으로 표현되는 북극해에서의 기후변동과 무관하지 않음은 앞으로 점점 더 뚜렷해질 것으로 전망된다. 북극해 해빙이 빠르게 소멸되면서 온난화로 인한 기후변화의 영향을 우리나라가 직접적으로 받고 있는 셈이어서, 기후변화 연구에서 북극연구의 중요성은 앞으로도 계속 더욱 부각될 것으로 전망해 볼 수 있다.

또, 북극해 해빙이 급격히 감소하면서 어장 분포가 변하고 있으며, 북극권 내에 새로운 어장이 늘고 있는 것으로 보인다. 새로운 어장 형성은 북극해 수온 상승으로 인한 해양생태계의 변화와 그 결과로 나타나는 어류 자원의 분포 변화에 관련되어 있다. 또, 수온 상승과 동반되는 외래종의 위협도 증가하고 있는데, 다른 곳보다 먹이 사슬의 각 단계에 있는 해양생물종의 수가 적은 북극해에서의 외래종은 더 큰 위협이 될 수 있다. 외래종이 유입된 후에는 제거할 방법이 거의 없기 때문에 잠재 외래종을 제거하는 방법을 사용하려고 하지만 아직까지 이들의 감시나 효과적인 제거 방법을 파악하지는 못하고 있는 상태이다.

뿐만 아니라 석유 등의 자원 노출도와 접근성에도 큰 변화가 나타나고 있다. 미 자연사박물관 생물다양성 보전센터에 따르면 온난화가 진행되면서 북극권의 얼음과 영구동토대가 사라지고 초목이 급격히 늘어나 '폭발적인 녹화(綠化)가 일어날 전망'이라고 한다.[80] 수치모의 결과로부터 이들은 북극권 수목한계선이 수백km 북쪽으로 이동하면서 2050년까지 수목지대 면적이 52%나 증가할 것으로 전망하고 있다. 앞으로 북극항로와 에너지 및 수산자원 개발, 그리고 관광사업 확대 등의 주요 비즈니스 기회들이 새로 나타날 것으로 전망되며, 이미 북극권 국가들은 어장이나 석유 등의 선점을 위한 의지를 보이며 각축하고 있기도 하다.

북극 자원의 지속 가능한 이용 방안을 모색하고 북극지역의 환경, 원주민, 생태계를 보호하며, 북극에 관한 제반 기준을 마련할 목적으로 1996년 9월 19일에 북극이사회(Arctic Council)가 발족하였다. 이를 통해 북극에서의 주권과 관할권을 명확히 하고 각국의 이익을 조정할 수 있는데, 북극이사회는 환경보호, 해운, 자원, 원주민, 국제협력 등의 이슈를 주요 정책 목표로 하고 있다. 현재 2013~2015년 기간에는 캐나다가 북극이사회 의장국을 수행하고 있으며, 2015년부터는 미국이 의장국을 맡을 예정이다. 특히 존 케리 미 국무장관은 북극에서의 자국 이익 증진을 위해 올해(2014년) 2월 14일 북극 지역 특별 대표를 임명할 계획을 발표하기도 했다. 투표권을 갖는 북극이사회의 정식회원국은 북극에 영토를 가진 8개국으로 제한되어 있으나, 작년(2013년)에 옵저버(Observer)가 추가되면서 우리나라를 포함한 12개국의 옵저버국이 동참하게 되었다. 극지연구소에서는 쇄빙선 아

---

80) 한국극지연구진흥회 블로그. http://www.kosap.or.kr/index.php?mid=blog&category=3038&page=2&document_srl=16066.

라온을 적극 활용하면서 북극해 공동연구를 확대하기 위한 노력을 지속하고 있으며, 북극해의 전략적 활용을 위해 정부 · 학계 · 연구계 · 산업계의 전문가 집단으로 구성되는 북극해 연구 컨소시엄(Korea Consortium for Arctic Ocean Research, K-CAR) 구축을 제안하고 있다.

작년(2013년) 제2차 북극해 정책 포럼에서 해양수산개발원 김학소 원장은 기념사를 통해 우리나라가 북극해의 이해관계자로 부상하기 위해서는 네 가지 후속대응을 얼마나 체계적으로 추진하는가에 좌우될 것이라 하였다. 첫째, 추진 중인 북극해 마스터플랜이 수립되어 중장기 국가 종합계획이 마련되어야 하며, 이를 통대로 분야별 추진방안이 구체화되어야 한다. 둘째, 과학협력과 함께 경제사회적 협력기반을 공고하게 구축해야 한다. 셋째, 산업계의 적극적 참여를 촉진하고 산업계 중심의 연구개발 확대와 국내 산업계 포럼을 개설하여 지속적인 소통노력을 기울여야 한다. 넷째, 지역별 특화전략을 마련하여 지역 간 갈등의 소지를 없애고 국가경쟁력이라는 차원에서 보다 분명한 정책방향을 제시해야 한다. 북극해의 지속가능한 이용을 위해서는 이처럼 과학적 지식과 첨단기술은 물론 경제사회적 협력과 산업계의 참여 및 지역별 특화 전략과 같은 정책적 노력이 동시에 요구되는 것이 주지의 사실이다.

관련 인프라 구축을 위한 투자 역시 지속적으로 이루어져야 할 것이다. 일본 정부는 최근 북극관측선의 신규 건조를 구체적으로 검토하기 시작했다. 현재 일본의 남극관측선 'Sirase'는 방위성 소속으로 자위대법에 따라 주로 남극 관측만을 할 수 밖에 없기 때문에 극지연구의 진전을 위해서는 북극해 쇄빙선이 필요할 수 있다는 이유 때문이다. 또, 러시아 발틱조선소와 원자력공사 로스아톰(Rosatom) 사는 올해(2014년) 5월 각각 2019년 12월과 2020년 12월 인도 예정인 쇄빙선 2척 건조를 계약하기도 했다. 중국 쇄빙선 Xuelong호는 지난 7월(2014년 7월) 제6차 북극 탐사에 나서 76일간 베링 해, 베링 해협, 척치 해, 캐나다 분지 해역 등을 탐사하였다. 이러한 가운데 우리나라도 제2쇄빙선 건조가 현재 논의 중이다. 우리나라 역시 북극해를 통해 북유럽과 북미 대륙을 오가는 북극항로의 개척과도 맞아떨어지며 아라온호에 이은 제2쇄빙선 건조를 검토하고 있는 중이다.[81] 북극항로의 물량이 극히 제한적이고 운항이 여름철에만 가능하다는 이유에서 회의적인 시각도 여전히 존재한다. 이들은 러시아 곳곳에 기본적인 인프라를 먼저 건설하고, 공동 과학연구 등으로 러시아와의 협력을 구축해 점차 강화해 나가는 장기적인 과제가 되어야 한다는 논리다. 그러나 남극과 북극을 오가면서 연간운항일수가 311일이나 되어 한계치를 크게 초과했던 아라온호의 혹사를 막고, 긴 항해로 인한 비용 낭비를 줄이자는 취지로 볼 때, 결국 제2쇄빙선 건조는 머지않은 장래에 추진될 것으로 전망해 볼 수 있을 것이다.

남극연구의 과제와 전망

북극과 달리 남극조약에 따라 영유권이 인정되지 않는 남극에서 과학연구를 위한 각국의 상호 협력은 필수적이라 할 수 있는데, 남극조약에서는 처음부터 "남극에서 획득되는 과학적 관찰과 연구 결과물들은 공유되어야 하며 이용이 손쉬워야 한다"고 규정하고 있다. 특히 국제협력 활

---

81) "남극, 총성없는 전쟁 – 향후 진출 방향", 2014년 2월 26일자 부산일보. http://happyzone.busan.com/controller/newsController.jsp?newsId=20140226000045.

동 중 남극자료명부체계(Antarctic Data Directory System, ADDS)를 중요하게 꼽는데, 남극에서의 과학과 지원활동의 축을 이루고 있는 남극연구과학위원회(Scientific Committee on Antarctic Research, SCAR)와 국가 남극운영자회의(The Council of Managers of National Antarctic Programs, COMNAP)는 남극자료관리 공동위원회[82](Joint Committee on Antarctic Data Management, JCADM)를 구성하여 이를 지원하고 있다.[83] 남극자료관리 공동위원회(JCADM)에서는 남극자료중앙명부(Antarctic Master Directory, AMD)의 기본방침을 확립하고 국가별 국립남극자료센터들(National Antarctic Data Centers, NADCs)을 만들어 체계적으로 정보를 제공할 것을 의무화하고 있는데, 우리나라는 2003년 6월부터 남극자료관리 공동위원회(JCADM) 활동을 시작하였고, 남극연구과학위원회(SCAR)의 정회원국에 해당한다. 우리나라 외에도 아르헨티나 · 호주 · 캐나다 · 칠레 · 중국 · 일본 · 네덜란드 · 뉴질랜드 · 노르웨이 · 스페인 · 영국 · 중국 등 14개 국가에 남극자료센터(NADCs)가 설치되었으며, 미국 · 브라질 · 에콰도르 · 이탈리아 · 우루과이 등의 국가들과 함께 남극자료관리 공동위원회(JCADM) 활동을 하며 센터를 구성한다.

남극대륙을 둘러싸고 있는 거대한 남빙양은 전 지구적 기후변화에 매우 중요한 영향을 미치며, 남빙양의 해양과정들을 국제적으로 공동 관측하고자 남빙양관측기구(Southern Ocean Observing System, SOOS)가 발족하였고, 남극연구과학위원회(SCAR) 주관 여러 정책기구들의 기획 작업을 거쳐 2011

남극 과학의 도전과 미래

82) 웹 기반으로 국제적으로 누구든지 손쉽게 검색과 이용이 가능한 남극자료중앙명부(Antarctic Master Directory, AMD)의 체계적인 관리를 위하여 국제남극과학위원회(Scientific Committee on Antarctic Research, SCAR)와 국가남극운영자회의(The Council of Managers of National Antarctic Programs, COMNAP)에 의해 세워진 국제기구로서, 국립남극자료센터들(National Antarctic Data Centers, NADCs)의 대표들로 구성된다(출처: 극지연구소홈페이지, http://www.kopri.re.kr).

83) 극지연구소홈페이지. http://www.kopri.re.kr.

넌부터 본격 가동되기 시작했다. 남빙양관측기구(SOOS)의 목표는 기후 변화, 해수면 상승, 해양생태계 변화와 같이 잘 알려진 전 지구적 이슈들의 연구를 위한 종합광역장기 해양관측과 참여국 사이의 자료 공동 활용이다.[84] 우리나라도 쇄빙선 아라온호가 취항한 2011년 이후로는 매년 남극 해역을 다녀가면서 남빙양과 같은 대양 관측 연구 수행 능력을 향상시키는 중이다. 특히 경기 후퇴로 주춤하고 있는 미국과 영국, 기존 자체 프로그램으로 인해 국제적 수요를 감당하기 어려운 독일, 상대적으로 뒤쳐진 연구력으로 국제공동연구의 구심점을 담당하기 어려운 중국 등의 타국과 달리, 성능 좋은 최신 쇄빙선 아라온호와 남빙양 해양과학계의 주목을 받는 아문센(K-Polar Amundsen) 프로그램을 새로 시작한 한국에게 약진의 기회가 주어진 것으로 보인다.[85] 작년(2013년) 4월 25일, 쇄빙선 아라온호는 남극 웨델 해에 위치한 라센빙붕(Larsen ice shelf) 탐사에도 성공하였는데, 이것은 지난 2006년 미국 쇄빙선 파머호의 세계 최초 접근 성공 이후 두 번째에 해당하는 것이다.[86]

수백 메터에 달하는 영구 빙붕에 덮여 있는 남극 대륙붕의 약 30%는 햇빛이 차단되어 광합성에 의한 일차 생산이 매우 제한적이다. 그러나 해빙이 녹은 부분에서는 일차 생산이 폭발적으로 일어나 해저로의 먹이 공급이 풍부하며, 균질성 유리해면류(glass sponge)가 우점(優占)하는 해저생물군집이 번성하고 있다고 한다.[87] 라센 빙붕이 떨어져 나간 지 12년이 지난

---

84) 극지연구소홈페이지. http://www.kopri.re.kr.

85) 한국극지연구진흥회 블로그. http://www.kosap.or.kr/index.php?mid=blog&category=3038&page=1&document_srl=20097.

86) 한국극지연구진흥회 블로그. http://www.kosap.or.kr/index.php?mid=blog&category=3038&page=2&document_srl=19449.

87) 한국극지연구진흥회 블로그. http://www.kosap.or.kr/index.php?mid=blog&category=3038&pa

2007년까지만 해도 유리해면류는 매우 드물게 발견된 반면 물리적으로 교란된 환경에서 빠른 성장률에 따라 먼저 착생하는 기회종(機會種)인 가죽멍게류가 나타난 것이 보고되었다. 그러나 2011년 재조사에서 가죽멍게류는 거의 사라지고 유리해면류가 2~3배 증가하여 영구빙붕의 소실에 따른 해저 생태계의 교란이 다시 안정화됨을 시사하고 있다.

푸른행성지구 시리즈의 전편들[88]에서도 언급했던 해양산성화의 위협은 남극과 남빙양에서도 이미 중요한 이슈이다. 산성화된 해수는 석회질 골격 형성을 방해하여 여러 해양 생물의 생존과 생태계 건강에 직접적이고 치명적인 위협이 될 수 있기 때문이다. 최근 호주 과학자들의 연구 결과에 따르면 앞에서 중요하게 언급했던 남빙양의 크릴은 해양산성화의 큰 피해자가 될 수도 있다고 한다. 크릴이 알을 낳으면 일단 깊이 가라앉았다 부화해서 다시 떠오르는데 산성화된 수층을 약 한 달 동안 지나가면서 받은 타격은 나머지 일생 동안 크릴 개체군 전체에 큰 영향을 미칠 것이다. 인류가 지금처럼 이산화탄소를 계속 배출해 바닷물을 산성화시키면 2300년이 되면 크릴이 사라질 것이고 펭귄과 고래, 물개같이 크릴을 먹고 사는 대형 포식자들과 생태계 전반에 파국이 올 수 있다는 예측을 내놓고 있다.[89]

전 지구적 기온과 수온 상승에도 불구하고 북극해의 급격한 해빙 감소와 달리 남극에서 오히려 해빙이 늘어나는 이유는 여전히 논란거리로 남아 있다. 2000년대 초에는 남극 오존홀 때문에 남극 해빙이 증가할 수 있

극지, 과학으로 다가서다

ge=2&document_srl=17777.

88) 남성현(2012), 『바다에서 희망을 보다』, 114쪽. 남성현, 김혜진(2014), 『동태평양, 과학으로 항해하다』, 156쪽.

89) Nature Climate Change, 10.1038/nclimate1937.

다는 주장도 있었으나 최근에는 오존 고갈이 온난화를 가속화하여 오히려 해빙을 감소시킨다는 반대의 연구결과들이 제기되었다. 또, 남극 빙상(ice sheet) 등이 녹아내리면서 담수가 바다로 유입되거나 강수량이 늘어나 염분이 낮아져 해빙이 늘어난다는 주장도 있다. 올해(2014년) 빙권(The Crysphere)에 발표된 미 캘리포니아대학 샌디에이고 캠퍼스(University of California at San Diego, UCSD)의 스크립스 해양연구소(Scripps Institution of Oceanography, SIO)와 미 항공우주국(National Aeronautics and Space Administration, NASA) 공동 연구팀의 연구 논문에 따르면, 기기 변화에 따른 관측 자료 보정 문제로, 관측 위성이 바뀐 1991년 이후 남극 해빙 관측 자료가 실제보다 크게 산출되었을 가능성이 있다.[90] 남극 해빙의 관측과 감시에 앞으로 더 많은 노력이 필요함을 잘 보여주는 예인 셈이다.

우리나라는 올해(2014년) 남극대륙 내륙에 두 번째 과학기지인 장보고 과학기지가 문을 열면서 지리적 한계상 어려웠던 남극대륙 본토 연구의 첫발을 내딛게 되는 등 '극지연구의 새로운 역사'를 쓰게 되었다. 작년(2013년) 국정감사에서는 장보고기지 활주로 건설을 주장 논란이 있기도 했으나, 정부는 단독 활주로 건설보다 이탈리아 마리오 주켈리 기지 인근에 건설을 계획 중인 암반 활주로의 공동 사용을 타진하려는 계획을 가지고 있다. 그러나 장보고기지에서 불과 1km 정도 떨어진 최상의 암반활주로 부지와 이탈리아의 건설비 제공 요구 등을 고려할 때, 활주로 건설에 대한 필요성은 앞으로도 꾸준히 제기될 가능성도 보인다.

---

90) "온난화, 남극 해빙이 늘어난다 – 남극 해빙면적, 올해 역대 최대 될 듯", 2014년 7월 29일자 SBS 취재파일. http://news.sbs.co.kr/news/endPage.do?news_id=N1002510756.

마지막으로 극지연구소 운석팀은 작년(2013년) 11월 장보고기지 건설단과 함께 남극대륙 내륙에 들어가서 운석을 발굴하는 한편 남극점으로 가는 루트를 탐색하기도 했다.[91] 테라노바 만에서 남극점으로 가는 루트는 아직까지 아무도 발견하지 못한 미지의 영역이기 때문이다. 운석팀을 이끈 극지연구소 이종익 박사는 테라노바 만에 새 기지를 세우고 남극점으로 가는 루트를 찾을 것으로 예상되는 중국팀의 움직임을 경계하며 이보다 먼저 남극점으로 가는 '코리아 루트'를 발견해야 함을 강조하기도 하였다. 이처럼 남극조약에 따라 상호협력하면서도 서로 각축할 수밖에 없는 각국의 모습은 남극 역시 북극과 크게 다르지 않아 보이며 앞으로도 이와 같은 각국의 치열한 남극연구 경쟁을 보게 될 것으로 전망된다.

---

91) "남극, 총성 없는 전쟁 – 향후 진출 방향", 2014년 2월 26일자 부산일보. http://happyzone.busan.com/controller/newsController.jsp?newsId=20140226000045.

에필로그

"할 수 있거나 꿈꿀 수 있는 것이라면 무슨 일이든 시작하라. 대담함은 그 안
에 천재성과 힘과 마법을 지녔다(Whatever you can do or dream you can,
begin it. Boldness has genius, power and magic in it!)."

- 요한 볼프강 본 괴테(Johann Wolfgang von Goethe)

전편들과 마찬가지로 이번 극지 편을 준비하는 기간 동안 자료들을 찾는
과정에서 저자들 스스로 많이 배울 수 있었다. 전편들에서와 같이 모든 연
구들을 다 소개하지 못하는 점은 이번 극지 편에서도 큰 아쉬움으로 남는
다. 특히 제한된 저자들의 전문성에 비추어 볼 때, 극지라는 특수한 환경의
다학제 간 연구 결과들을 모두 소개하기 어려웠던 부분이 가장 아쉬웠다.
그러나 그럼에도 불구하고 국민적·국가적·국제적인 관심에 비해 여전
히 극지연구를 접하기에 충분한 정보를 얻지 못하는 독자들에게 이 책을
통해 소개된 연구결과들이 단지 극지연구자들만의 전문적인 영역이 아니
라 변화하는 기후 속에 살아갈 우리 모두가 접할 수 있는 훌륭한 과학적 유
산이자 우리의 미래임을 알리고 싶었다. 극지연구를 통한 세계적 공헌도
는 단순히 인류애로만 끝나는 것이 아니다. 지구환경의 위기를 경험하고
있는 오늘날에는 이미 지구환경 과학 연구를 통한 세계적 공헌이 그대로
국익에도 반영되기 시작했기 때문이다. 그러나 국익 차원을 넘어서도 극
지연구를 비롯한 지구환경 과학의 중요성은 인류의 지속가능한 성장과 발
전을 위해 더욱더 부각될 수밖에 없을 것으로 보인다.

자크 아나톨 프랑수아 티보(Jacques Anatole François Thibault)라는 프랑스 작가는 이런 말을 남겼다고 한다.

"개는 푸른 하늘을 쳐다본 적이 없다……."

먹을 것이 아닌 푸른 하늘 따위는 쳐다볼 생각조차 하지 않는 것이다. 그런데 언제부터인지 우리 사회도 먹고사는 일의 다급함에만 몰린 나머지 이 '푸른 하늘'에 눈길조차 주지 못하는 사람들이 많아지고 있는 듯 보여 참으로 안타깝다. 심지어 그런 행동을 여유 부리기나 어리석은 사치로 매도하기까지 이르렀다.

물론 먹고 사는 문제는 누구에게나 중요하다. 그러나 사람답게 살아가는 데 돈이 필요한 것이지만 여전히 돈으로 대신할 수 없는 삶의 가치들은 분명히 있고, 그것들을 모두 포기할 만큼 돈이 중요하지는 않다. 해양과학자들이 북극해와 남빙양을 비롯하여 지구촌 곳곳, 바다 곳곳을 누비며 지구 환경을 이해하고 그 변화를 예측하고자 벌이는 연구 활동들은 단순히 먹고사는 일의 다급함이나 자연을 활용하여 경제적인 이익 혹은 각국의 국익만을 위한 노력만은 아닐 것이다. 우리에게 '푸른 하늘', '드넓은 바다', '광활한 대륙' 그리고 '극한의 환경인 극지'까지 쳐다볼 여유가 생기면 좋겠다.

도전정신과 인류애를 가지고 극지를 포함하여 우리가 살고 있는 지구의 구석구석에서 그 숨겨진 과학적 비밀을 파헤쳐가며 지금도 묵묵히 연구를 수행하고 있는 모든 지구과학자들에게 깊은 감사의 마음을 전한다.

극지, 과학으로 다가서다

초판인쇄　　2015년 2월 10일
초판발행　　2015년 2월 10일

지은이　　남성현 · 김혜원 · 황청연
펴낸이　　채종준

펴낸곳　　한국학술정보(주)
주소　　경기도 파주시 회동길230(문발동 513-5)
전화　　031) 908-3181(대표)
팩스　　031) 908-3189
홈페이지　　http://ebook.kstudy.com
E-mail　　출판사업부　publish@kstudy.com
등록　　제일산-115호(2000.6.19)

ISBN　　978-89-268-6775-4 93450